国家骨干高职院校工学结合创新成果系列教材

工业控制网络安装与维护

主　编　姚开武　陈君霞

主　审　梁庆生

中国水利水电出版社
www.waterpub.com.cn

内 容 提 要

基于西门子 S7-300PLC 的工业控制网络在大中型企业中广泛应用,本书介绍了工业控制网络的概况;S7-300 的硬件结构、性能指标和硬件组态的方法;编程软件 STEP 7 和 S7-PLCSIM 仿真软件的使用方法;指令系统、程序结构,梯形图的设计法和顺序控制设计法,以及使用顺序功能图语言 S7-GRAPH 的设计方法;西门子的 MPI 通信技术、工业以太网通信技术,详细介绍了现场总线 PROFIBUS-DP 通信技术、液位 PID 控制。

本书按照工作任务驱动模式编写,每个任务开始均有知识目标和能力目标,方便了解学习的重点,每个项目结束有专练习题,以便巩固提高。本书可以作为大专院校电气自动化技术、机电一体化等相关专业的教材,也可供相关技术培训和工程技术人员自学使用。

图书在版编目(CIP)数据

工业控制网络安装与维护 / 姚开武,陈君霞主编.
-- 北京 : 中国水利水电出版社,2015.8(2018.7重印)
国家骨干高职院校工学结合创新成果系列教材
ISBN 978-7-5170-3575-6

Ⅰ. ①工… Ⅱ. ①姚… ②陈… Ⅲ. ①工业控制计算机-计算机网络-安装-高等职业教育-教材②工业控制计算机-计算机网络-维修-高等职业教育-教材 Ⅳ.
①TP273

中国版本图书馆CIP数据核字(2015)第206379号

书　　名	国家骨干高职院校工学结合创新成果系列教材 **工业控制网络安装与维护**
作　　者	主编　姚开武　陈君霞　　主审　梁庆生
出版发行	中国水利水电出版社 (北京市海淀区玉渊潭南路1号D座　100038) 网址:www.waterpub.com.cn E-mail:sales@waterpub.com.cn 电话:(010)68367658(营销中心)
经　　售	北京科水图书销售中心(零售) 电话:(010)88383994、63202643、68545874 全国各地新华书店和相关出版物销售网点
排　　版	中国水利水电出版社微机排版中心
印　　刷	北京合众伟业印刷有限公司
规　　格	184mm×260mm　16开本　13.75印张　326千字
版　　次	2015年8月第1版　2018年7月第3次印刷
印　　数	3001—5000册
定　　价	**36.00元**

前言

工业控制网络技术是在工业生产现代化要求的情况下提出来的，与计算机技术、控制技术和网络技术的发展密切相关。随着网络技术的发展，Internet 正在把全世界的计算机系统、通信系统逐渐集成起来，形成信息高速公路和公用数据网络。在此基础上，传统的工业控制领域也正经历一场前所未有的变革，开始向网络化方向发展，形成了新的控制网络。

西门子公司提出了 TIA（Totally Integrated Automation，全集成自动化）的概念。根据这一概念，通过工业以太网和现场总线 PROFIBIUS，使企业管理、车间调度、现场执行构成了一个功能强大的通信网络。在整个网络里，PLC 是现场级甚至车间级的主要控制设备，它通过高速的现场总线采集或控制远程信号，通过现场总线或工业以太网实现 PLC 站间点数据交换；企业厂级层通过工业以太网，可以对车间、现场设备进行数据分析、实时监控与调度。因此，PLC 成为工业控制网络中十分重要的环节。西门子 PLC 在中国市场占有率高，应用广泛，能够熟练掌握西门子 PLC 的编程和工业控制网络技术，对解决工程中的 PLC 和网络通信问题尤为重要。

目前介绍工业控制网络技术的教材有两种，一种是主要介绍工业控制网络原理，另一种是主要介绍 S7-300PLC 的指令和部分高级模块应用，仅介绍一点西门子现场总线和工业以太网内容，案例不完整。这两类教材都不能适应高职高专学生学习工业控制网络技术的要求。

本书首先介绍西门子 S7-300PLC 的基础知识，方便没有 S7-300PLC 基础者能入门学习。然后重点介绍基于西门子 S7-300PLC 的现场总线、工业以太网和 MPI 通信技术。书中有大量图片，重要操作或要求修改参数处，图片中有明显的标记，并有详细文字说明，使读者容易掌握操作过程。在项目 5 以后的内容都有相对独立性，方便读者有选择地学习。

全书共分为 8 个项目，项目 1 主要介绍了工业控制网络的发展概况和现场总线的特点；项目 2 介绍了 S7-300PLC 硬件和编程软件、仿真软件的使用方法；项目 3 介绍了 S7-300PLC 的基本编程指令；项目 4 介绍了程序结构和设计方法；项目 5 介绍 S7-200PLC 与 S7-300PLC 间、S7-300PLC 与 S7-

300PLC 间西门子的 MPI 通信技术；项目 6 介绍现场总线 PROFIBUS-DP 通信技术，包括 ET200 与 S7-300PLC、变频器与 S7-300PLC、S7-200PLC 与 S7-300PLC、S7-300PLC 与 S7-300PLC 的 PROFIBUS-DP 通信应用；项目 7 介绍了工业以太网的基本知识和应用方法；项目 8 完整介绍单回路 PID 液位控制系统开发过程，包括 PLC 程序、人机界面组态王的使用方法和 PID 参数调整。

本书项目 1、项目 6、项目 8 由姚开武编写，项目 2、项目 4、项目 5 由韦成才编写，项目 3、项目 7 由郭平编写，全书由姚开武统稿，梁庆生担任主审工作。梁庆生是在企业长期从事自动化控制系统安装、调试与维护的专家，为本书编写提供了支持和帮助，在此表示感谢。

因作者水平有限，加之书中程序和图表较多难免有错漏之处，恳请读者批评指正。

编著者

2015 年 6 月

目　录

项目 1 认识工业控制网络

◆知识目标

认知工业控制网络的发展历程、概念、组成、技术特点与优点、标准及应用领域。

◆能力目标

能描述典型现场总线的特点及应用领域。

◆相关知识

任务 1.1 工业控制网络的发展概况

随着计算机技术、通信技术和控制技术的迅猛发展，信息交换方式日新月异，传统的控制领域正经历着一场前所未有的变革，开始朝着数字化、网络化的方向发展，工业控制网络在提高生产速度、管理生产过程、合理高效加工以及保证安全生产等工业控制及先进制造领域起到越来越关键的作用。自动控制系统自 19 世纪以来的近 200 年里也发生了巨大变革。总的来说，一般可将其划分为 3 代。

1. 集中式数字控制系统（CCS）

20 世纪 50 年代电动模拟过程控制系统，它利用 4～20mA 或 24VDC 的模拟信号进行现场级设备信号的采集与控制，由于模拟信号精度较低并易受干扰，60 年代初，出现了由计算机完全替代模拟控制的控制系统，被称为直接数字控制（direct digital control，DDC）。直接数字控制（DDC）本质上是用一台计算机取代一组模拟控制器，构成闭环控制回路。与采用模拟控制器的控制系统相比，DDC 的突出优点是计算灵活，它不仅能实现典型的 PID 控制规律，还可以分时处理多个控制回路。DDC 用于工业控制的主要问题是当时计算机系统价格昂贵，同时计算机运算速度并不能满足过程实时控制的需求。

20 世纪 70 年代中期，随着微处理器的出现，计算机控制系统进入一个新的快速发展的时期。集中式数字控制系统（图 1-1-1）出现并占据主导地位。由于当时计算机系统造价昂贵，体积庞大，为了使计算机控制能与常规仪表竞争，试图来使用一台计算机尽可能多地控制控制回路，实现集中检测、集中控制、集中管理。集中式数字控制系统的优点是可以实现先进控制、连锁控制等复杂控制功能，并且控制回路的增加和控制方案的改变可以由软件方便实现，但是缺点也很明显，由于当时计算机性能低，容量小，运算速度慢，利用一台计算机控制多回路容易造成负荷过载，而且控制的集中也容易导致危险的集中，高度的集中使系统十分脆弱，一旦某一控制回路发生故障就可能导致生产过程全面瘫痪。

（1）信息集成能力不强。控制器与现场设备之间靠 I/O 连线连接，传送 4～20mA 模拟量信号或 24VDC 等开关量信号，并以此监控现场设备。这样，控制器获取信息量有

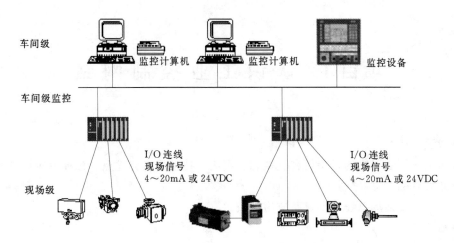

图 1-1-1 集中式数字控制系统

限，大量的数据如设备参数、故障及故障记录等数据很难得到。底层数据不全、信息集成能力不强，不能完全满足计算机集成制造系统（CIMS）对底层数据的要求。

（2）系统不开放、可集成性差、专业性不强。除现场设备均靠标准 4～20mA 或 24VDC 连接，系统其他软、硬件通常只能使用一家产品。不同厂家产品之间缺乏互操作性、互换性，因此可集成性差。这种系统很少留出接口，允许其他厂商将自己专长的控制技术，如控制算法、工艺流程、配方等集成到通用系统中去，因此，面向行业的监控系统很少。

（3）可靠性不易保证。对于大范围的分布式系统，大量的 I/O 电缆及敷设施工，不仅增加成本，也增加了系统的不可靠性。

（4）可维护性不高。由于现场级设备信息不全，现场级设备的在线故障诊断、报警、记录功能不强。另外也很难完成现场设备的远程参数设定、修改等参数化功能，影响了系统的可维护性。

2. 集散控制系统（DCS）

20 世纪 80 年代初，微处理器在控制领域中得到应用，微处理器嵌入到各种仪器设备中，促使了集散控制系统（DCS）的产生。DCS 系统采用集中管理、分散控制，即将管理与控制相分离：上位机执行集中监视管理，下位机在现场进行分散控制，它们之间用控制网络相连实现信息传递。与之前几代控制系统不同，分散式的控制系统降低了系统中对控制器处理能力和可靠性的要求。

然而，DCS 厂家其控制通信网络大多采用各自专用的封闭形式，不同厂家的 DCS 系统之间以及 DCS 与上层 Intranet、Internet 信息网络之间难以实现网络互连和信息共享，因此集散控制系统从这个角度而言也是一种封闭的、不可相互操作的控制系统。不过值得一提的是，近年来 DCS 系统的网络已经逐步从采用专有技术转向采用 IT 界以集成为标准的以太网技术，使得 DCS 仍然具有相当强劲的竞争力。集散控制系统见图 1-1-2。

3. 现场总线控制系统（FCS）

20 世纪 80 年代中后期，随着微电子技术和大规模以及超大规模集成电路的快速发展，顺应以上需求，国际上发展起来一种以微处理器为核心，使用集成电路实现现场设备

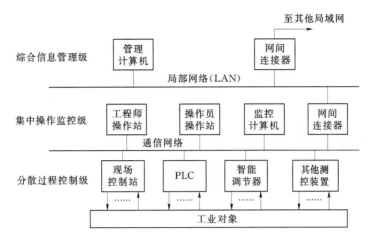

图 1-1-2 集散控制系统

信息的采集、传输、处理以及控制等功能的智能信号传输技术——现场总线，并利用这一开放的、具有可互操作性的网络技术将各控制器和现场仪表设备实现互连，构成了现场总线控制系统（FCS）。该操作系统的出现引起了传统的 DCS 等控制系统结构的革命性变化，把控制功能彻底下放到了现场。现场总线控制系统见图 1-1-3。

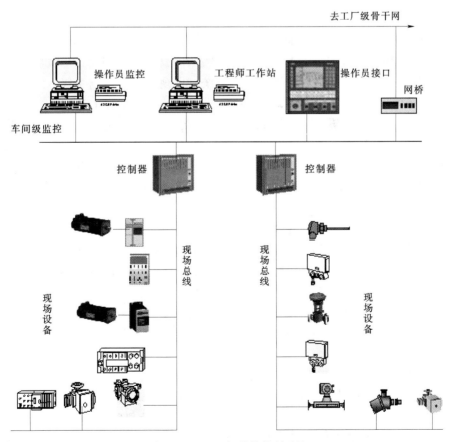

图 1-1-3 现场总线控制系统

任务1.2 现场总线的定义

根据国际电工委员会 IEC 标准和现场总线基金会（fieidbus foundation，FF）的定义：现场总线是连接智能现场设备和自动化系统的数字式、双向传输、多分支结构的通信网络。也就是说基于现场总线的系统是以单个分散的、数字化、智能化的测量和控制设备作为网络的节点，用总线相连实现信息的相互交换，使得不同网络、不同现场设备之间可以信息共享。现场设备的各种运行参数状态信息以及故障信息等通过总线传送到远离现场的控制中心，而控制中心又可以将各种控制维护组态命令送往相关的设备，从而建立起了具有自动控制功能的网络。

现场总线的节点是现场设备或现场仪器，但不是传统的单功能的现场仪器，而是具有综合功能的智能仪表，例如，温度变送器不仅具有温度信号变换和补偿功能，并且具有 PID 控制和运算功能；调节阀的基本功能使信号驱动和执行，另外还有输出特性补偿、自效验和自诊断功能。现场设备具有互换性和互操作性，采用总线供电具有本质安全性。

任务1.3 现场总线的结构及其技术特点

1. 现场总线结构

现场总线控制系统兴起于 20 世纪 90 年代。随着现场总线技术于智能仪表管控一体化（仪表调校、控制组态、诊断、报警、记录）的发展，这种开放型的工厂底层控制网络构造了新一代的网络集成式全分布计算机控制系统，即现场总线控制系统（field_bus control system，FCS)。

现场总线系统采用现场总线作为系统的底层控制网络，沟通生产过程中现场仪表、控制设备以及更高控制管理层次之间的联系，相互之间可以直接进行数字通信。作为新一代的控制系统，一方面 FCS 突破了 DCS 采用专用通信网络的局限，采用了给予开放式、标准化的通信技术；另一方面 FCS 进一步变革了 DCS 的系统结构，形成了全分布式的系统构架，把控制功能彻底下放到现场。

现场总线控制系统的核心是现场总线。FCS 是一种全数字式、双向传输、多分支结构的通信网络，是将自动化最底层的现场控制器和现场智能仪表设备互连而成的实时网络控制系统，它遵循 ISO 的 OSI 开放系统互连参考模型的全部或部分通信协议，能够实现双向串行多节点数字通信。FCS 控制层结构如图 1-3-1 所示。新一代 FCS 是由多段高速（H2）或低速（H1）现场总线、各类智能现场仪表设备（包括流量、压力、温度、执行器及辅助单元等）、人机接口（工业 PC 机）、组态软件、监控软件及网络软件等组成。

2. 结构特点

现场总线控制系统中的现场设备是智能化的，即现场设备能完全独立自主地完成对运行的监控、管理和保护，无需依赖中央控制室的计算机，彻底地实现了分散式控制。现场智能化设备又具有数字通信功能，现场模拟信号在数字化处理后，可以用数字传送方式进行传输，只需一对信号传输线就可将多个现场设备与中央控制计算机相连，并传递多种信

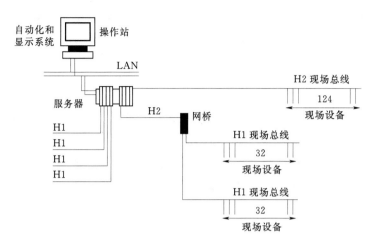

图 1 - 3 - 1　新一代 FCS 控制层

息（不同运行物理参数、不同现场设备运行状态、故障信息等）。

3. 技术特点

（1）系统的开放性。现场总线致力于建立同一的工厂底层网络的开放系统。用户可根据自己的需要，通过现场总线把来自不同厂商的产品组成大小随意的开放互连系统。

（2）互操纵性与互用性。实现互连设备间、系统间的信息传送与沟通，可实行点对点、一点对多点的数字通信，不同生产厂家的性能类似的设备可以互用。

（3）现场设备的智能化与功能自治性。它将传感补偿计算、工程量处理与控制等功能分散到现场设备中完成，仅靠现场设备即可完成自动控制的基本功能，并可随时诊断设备的运行状态。

（4）系统结构的高度分散性。现场总线构成一种新的全分散式控制系统的体系结构，从根本上改变了集中与分散相结合的 DCS 体系，简化了系统结构，进步了可靠性。

（5）对环境的适应性。现场总线是专为现场环境而设计的，支持各种通信介质，具有较强的抗干扰能力，能采用两线制实现供电与通信，并可满足本质安全防爆要求等。

4. 现场总线的优点

由于现场总线系统结构的简化，使控制系统从设计、安装、投运到正常生产运行及检验维护，都体现出优越性。现场总线的优点如下。

（1）节省硬件数目与投资。由于分散在现场的智能设备能直接执行多种传感、丈量、控制、报警和计算功能，因而可减少变送器的数目，不再需要单独的调节器、计算单元等，也不再需要 DCS 系统的信号调理、转换、隔离等功能单元及其复杂接线，还可以用工控 PC 机作为操纵站，从而节省了一大笔硬件投资，并可减少控制室的占地面积。

（2）节省安装用度。现场总线系统的接线十分简单，一对双绞线或一条电缆上通常可挂接多个设备，因而电缆、端子、槽盒、桥架的用量大大减少，连线设计与接头校对的工作量也大大减少。当需要增加现场控制设备时，无需增设新的电缆，可就近连接在原有的电缆上，既节省了投资，又减少了设计、安装的工作量。有关典型试验工程的测算资料表明，可节约安装用度 60% 以上。

（3）节省维护开销。现场控制设备具有自诊断与简单故障处理的能力，并通过数字通信将相关的诊断维护信息送往控制室，用户可以查询所有设备的运行，诊断维护信息，以便早期分析故障原因并快速排除，缩短了维护停工时间，同时由于系统结构简化，连线简单而减少了维护工作量。

（4）用户具有高度的系统集成主动权。用户可以自由选择不同厂商所提供的设备来集成系统。避免因选择了某一品牌的产品而限制了使用设备的选择范围，不会为系统集成中不兼容的协议、接口而一筹莫展，使系统集成过程中的主动权牢牢把握在用户手中。

（5）保证了系统的正确性与可靠性。现场设备的智能化、数字化，与模拟信号相比，从根本上提高了丈量与控制的精确度，减少了传送误差。简化的系统结构，设备与连线减少，现场设备内部功能加强，减少了信号的往返传输，确保了系统的工作可靠性。

此外，由于它的设备标准化，功能模块化，因而还具有设计简单、易于重构等优点。

5. 主流现场总线简介

由于各个国家、各个公司的利益之争，虽然早在1984年国际电工技术委员会/国际标准协会（IEC/ISA）就着手开始制定现场总线的标准，但至今统一的标准仍未完成。很多公司也推出其各自的现场总线技术，但彼此的开放性和互操作性还难以统一。目前现场总线市场有着以多种现场总线并存等特点。目前市场上存在着大约四十余种现场总线，以下9种是市场占有率较高、影响较大的现场总线。

（1）基金会现场总线（foundation fieldbus，FF）。

这是以美国Fisher-Rousemount公司为首的联合了横河、ABB、西门子、英维斯等80家公司制定的ISP协议和以Honeywell公司为首的联合欧洲等地150余家公司制定的WorldFIP协议于1994年9月合并的。FF总线主要应用于石油化工、连续工业过程控制中的仪表，特色是其通信协议在ISO的OSI物理层、数据链路层和应用层三层之上附加了用户层，通过对象字典（object dictionary，OD）和设备描述语言（device description language，DDL）实现可互操作性。FF总线在过程自动化领域得到了广泛的应用，具有良好的发展前景。

（2）Profibus（Process Fieldbus）。

Profibus由德国西门子公司1987年推出，是德国标准（DIN19245）和欧洲标准（EN50170）的现场总线标准。产品有三类：FMS用于主站之间的通信，DP用于制造行业从站之间的通信，PA用于过程行业从站之间的通信。

（3）可寻址远程传感器数据通路（highway addressable remote tranducer，HART）。

HART由美国Rosemount公司1989年推出，其特点是在现有模拟信号传输线上实现数字信号通信，属于模拟系统向数字系统转变的过渡产品，在当前的过渡时期具有较强的市场竞争能力，得到了较快发展。其通信模型采用物理层、数据链路层和应用层三层，支持点对点主从应答方式和多点广播方式。由于它采用模拟数字信号混合，难以开发通用的通信接口芯片。HART能利用总线供电，可满足本质安全防爆的要求，并可用于由手持编程器与管理系统主机作为主设备的双主设备系统。

（4）控制局域网络（controller area network，CAN）。

CAN最早由德国Bosch公司于1993年推出，用于汽车内部测量与执行部件之间的数据通信，应用于汽车监控、开关量控制、制造业等。介质访问方式为非破坏性位仲裁方式，适用于实时性要求很高的小型网络，且开发工具廉价。模型结构只有三层：OSI 底层的物理层、数据链层和顶层的应用层。其信号传输介质为双绞线，通信频率最高可达 1Mbit/（s·40m），具有较强的抗干扰能力。

（5）局部操作系统（LONLocal operating system，LonWorks）。

LonWorks 由美国 Echelon 公司于 1991 年推出，主要应用于楼宇自动化、工业自动化和电力行业等。它采用了 ISO/OSI 模型的全部七层通信协议，采用了面向对象的设计方法，通过网络变量把网络通信设计简化为参数设置。介质访问方式为 P-PCS-MA（预测 P-坚持载波监听多路复用），采用网络逻辑地址寻址方式，优先权机制保证了通信的实时性，安全机制采用证实方式，因此能构建大型网络控制系统。

（6）设备网（DeviceNet）。

DeviceNet 是一种低成本的总线，最初由 AB 公司设计，现在已经发展成为一种开放式的现场总线的协议，DeviceNet 具有的直接互联性不仅改善了设备间的通信，而且提供了相当重要的设备级阵地功能。DeviceNet 基于 CAN 技术，传输率为 125～500kbit/s，每个网络的最大节点为 64 个，其通信模式为：生产者/客户（Producer/Consumer），采用多信道广播信息发送方式。位于 DeviceNet 网络上的设备可以自由连接或断开，不影响网上的其他设备，而且其设备的安装布线成本也较低。DeviceNet 总线的组织结构是开放式设备网络供应商协会（open deviceNet vendor association，ODVA）。

（7）控制与通信链路系统（control & communication link，CC-Link）。

1996 年 11 月，CC-Link 由以三菱电机为主导的多家公司推出，其增长势头迅猛，在亚洲占有较大份额。在其系统中，可以将控制和信息数据同是以 10Mbit/s 高速传送至现场网络，具有性能卓越、使用简单、应用广泛、节省成本等优点。其不仅解决了工业现场配线复杂的问题，同时具有优异的抗噪性能和兼容性。CC-Link 是一个以设备层为主的网络，同时也可覆盖较高层次的控制层和较低层次的传感层。2005 年 7 月，CC-Link 被中国国家标准委员会批准为中国国家标准指导性技术文件。

（8）WorldFIP。

WorkdFIP 的北美部分与 ISP 合并为 FF 以后，WorldFIP 的欧洲部分仍保持独立，总部设在法国。其在欧洲市场占有重要地位，特别是在法国占有率大约为 60%。WorldFIP 的特点是具有单一的总线结构来适用不同的应用领域的需求，而且没有任何网关或网桥，用软件的办法来解决高速和低速的衔接。WorldFIP 与 FFHSE 可以实现"透明连接"，并对 FF 的 H1 进行了技术拓展，如速率等。在与 IEC61158 第一类型的连接方面，World-FIP 做得最好，走在世界前列。

（9）INTERBUS。

INTERBUS 是德国 Phoenix 公司推出的较早的现场总线，2000 年 2 月成为国际标准 IEC61158。INTERBUS 采用国际标准化组织 ISO 的开放化系统互联 OSI 的简化模型（1、2、7 层），即物理层、数据链路层、应用层，具有强大的可靠性、可诊断性和易维护性。其采用集总帧型的数据环通信，具有低速度、高效率的特点，并严格保证了数据传输的同步性和周期性；该总线的实时性、抗干扰性和可维护性也非常出色。INTERBUS 广泛地应用到汽车、烟草、仓储、造纸、包装、食品等工业，成为国际现场总线的领先者。

练 习 题

1. 工业控制网络发展经历了哪几个阶段？
2. 集散控制系统的优点和缺点分别是什么？
3. 现场总线的优点是什么？
4. 现场总线在开放性和互操作性方面最大的问题是什么？

项目 2　认识 S7 – 300PLC 硬件和编程软件

任务 2.1　S7 – 300PLC 的硬件和安装

◆知识目标

认知西门子 S7 – 300PLC 硬件组成、各模块的主要技术参数。

◆能力目标

1. 能根据控制对象进行 S7 – 300PLC 硬件的选型。

2. 能进行 S7 – 300PLC 硬件的安装。

◆相关知识

2.1.1　S7 – 300PLC 硬件简介

SIMATIC S7 – 300 是一种通用型的 PLC，能适合自动化工程中的各种应用场合，尤其是在生产制造工程中的应用。模块化、无风扇结构、易于实现分布式的配置以及易于掌握等特点，使得 S7 – 300 在各种工业领域中实施各种控制任务时，成为一种既经济又切合实际的解决方案。本章详细介绍各模块结构和安装规范。

S7 – 300PLC 由多种模块部件组成，包括导轨（Rack）、电源模块（PS）、CPU 模块、接口模块（IM）、输入输出模块（SM）等，如图 2 – 1 – 1 所示。各种模块能以不同方式组合在一起，从而可使控制系统设计更加灵活，满足不同的应用需求。

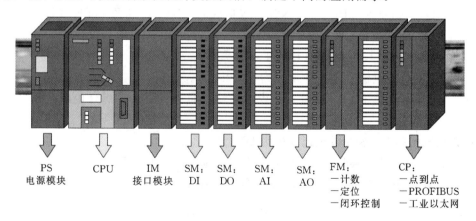

图 2 – 1 – 1　S7 – 300PLC 各种模块

1. 电源模块（PS）

电源模块是构成 PLC 控制系统的重要组成部分，针对不同系列的 CPU，西门子有匹配的电源模块与之对应，用于对 PLC 内部电路和外部负载供电。

2. CPU 模块

（1）CPU 模块的分类。

CPU 是 PLC 系统的运算控制核心。它根据系统程序的要求完成以下任务：接收并存储用户程序和数据，接收现场输入设备的状态和数据，诊断 PLC 内部电路工作状态和编程过程中的语法错误，完成用户程序规定的运算任务，更新有关标志位的状态和输出状态寄存器的内容，实现输出控制或数据通信等功能。S7-300 CPU 有 20 多种不同型号，各种 CPU 按性能等级划分，可以涵盖各种应用范围。

紧凑型 CPU：CPU 312C，313C，313C-2PtP，313C-2DP，314C-2PtP、314C-2DP 和 CPU 314C-2PN/DP。

标准 CPU：CPU 313，314，315，315-2DP 和 316-2DP、317-2DP、315-2PN/DP、317-2PN/DP、319-3PN/DP。

户外型 CPU：CPU 312 IFM，314 IFM，314 户外型。

故障安全型 CPU：CPU 315F-DP、315F-2PN/DP、317F-2DP、317F-2PN/DP、319F-3PN/DP。

运动控制型 CPU：CPU315T-2DP、317T-2DP。

1）紧凑型。

带有集成的功能和 I/O。S7-31xC 的 RAM 不能扩展，没有集成的装载存储器，运行时需要插入免维护的快闪微存。

CPU 312C 有集成的数字量 I/O，适用于有较高要求的小型系统。

CPU 313C 有集成的数字量 I/O 和模拟量 I/O，适用于有较高要求的系统。

CPU 313C-2PtP，CPU 314C-2PtP 有集成的数字 I/O 和第二个串口，两个接口均有点对点（PtP）通信功能。CPU 314C—2PtP 还有集成的模拟量 I/O，适用于有较高要求的系统。

CPU 313C-2DP 和 CPU 314C-2DP 有集成的数字 I/O 和两个 PROFIBUS-DP 主站、从站接口，通过 CP（通信处理器）各 CPU 可以扩展一个 DP 主站。CPU 314C-2DP 还有集成的模拟量 I/O，适用于有较高要求的系统。

4 路集成的模拟量输入信号的量程为 DV±10V、0～10V、±20mA、4～20mA，单极性输入为 11 位十符号位；1 路集成的模拟量输入通道可测 0～600Ω 电阻，或接 Pt 100 热电阻。

两路集成的模拟量输出的输出范围为 DV±10 V，0～10 V，±20 mA，4～20 mA 和 0～20 mA。各通道的转换时间为 1ms，25℃时的基本误差为 0.7%。

S7-31xC 的集成功能见表 2-1-1，紧凑型 CPU 技术参数见表 2-1-2。

表 2-1-1　　　　　　　　　　　　　　S7-31xC 的集成功能

型　号	定位通道数	计数通道数	最高可测频率	点对点通信协议	闭环控制功能
CPU 312C	—	2	10kHz	—	—
CPU 313C	—	3	30kHz	—	有
CPU 313C-2DP	—	3	30kHz	—	有

续表

型　号	定位通道数	计数通道数	最高可测频率	点对点通信协议	闭环控制功能
CPU 313C - PtP	—	3	30kHz	ASCII，3964R	有
CPU 314C - 2DP	1	4	60kHz	—	有
CPU 314C - PtP	1	4	60kHz	ASCII，3964R，RK512	有

表 2 - 1 - 2　　　　　　　　　　　　紧凑型 CPU 技术参数

CPU	312C	313C	313C - 2PtP	313C - 2DP	314 - 2PtP	314 - 2DP
订货号	6ES7 312 - 5BF04 - 0AB0	6ES7 313 - 5BG04 - 0AB0	6ES7 313 - 6BG04 - 0AB0	6ES7 313 - 6CG04 - 0AB0	6ES7 314 - 6BH04 - 0AB0	6ES7 314 - 6CH04 - 0AB0
集成式 RAM	64KB	128KB	128KB	128KB	192KB	192KB
装载存储器 MMC 卡	最大 8MB	最大 8MB	最大 8MB	最大 8MB	最大 8MB	最大 8MB
最小位操作时间	0.1μs	0.07μs	0.07μs	0.07μs	0.06μs	0.06μs
最小浮点数加法时间	1.1μs	0.72μs	0.72μs	0.72μs	0.59μs	0.59μs
集成 DI/DO	16/6	24/16	16/16	16/16	24/16	24/16
集成 AI/AO	—	4+1/2	—	—	4+1/2	4+1/2
FB 最大块数	1024	1024	1024	1024	1024	1024
FC 最大块数	1024	1024	1024	1024	1024	1024
DB 最大块数	1024	1024	1024	1024	1024	1024
位存储器	1024B	2048B	2048B	2048B	2048B	2048B
定时器/计数器	256/256	256/256	256/256	256/256	256/256	256/256
全部 I/O 地址区	1KB/1KB	1KB/1KB	1KB/1KB	2KB/2KB	1KB/1KB	2KB/2KB
I/O 过程映像	1024B/1024B	1024B/1024B	1024B/1024B	2048B/2048B	1024B/1024B	2048B/2048B
最大数字量 I/O 总数	266/262	1016/1008	1008/1008	16256/16256	1016/1008	16048/16096
最大模拟量 I/O 总数	64/64	253/250	248/248	1015/1015	253/250	1006/1007
模块总数	8	8	8	8	8	8

2）标准型。

CPU 313：具有扩展程序存储区的低成本的 CPU，比较适用于需要高速处理的小型设备。

CPU 314：可以进行高速处理以及中等规模的 I/O 配置，用于安装中等规模的程序以及中等指令执行速度的程序。

CPU 315：具有中到大容量程序存储器，比较适用于大规模的 I/O 配置。

CPU 315 - 2DP：具有中到大容量程序存储器和 PROFIBUS DP 主/接口，比较适用于大规模的 I/O 配置或建立分布式 I/O 系统。

CPU 316 - 2DP：具有大容量程序存储器和 PROFIBUS DP 主/从接，可进行大规模的 I/O 配置，比较适用于具有分布式或集中式 I/O 配置的工厂应用。

标准型 CPU 技术参数见表 2 - 1 - 3。

表 2 - 1 - 3　　　　　　　　　　　　　　标准型 CPU 技术参数

CPU	312	314	315 - 2DP	315 - 2PN/DP	317 - 2DP	317 - 2PN/DP	319 - 3 PN/DP
订货号	6ES7 312 - 1AEH14 - 0AB0	6ES7 314 - 1AG14 - 0AB0	6ES7 315 - 2AH14 - 0AB0	6ES7 315 - 2EH14 - 0AB0	6ES7 317 - 2AK14 - 0AB0	6ES7 317 - 2EK14 - 0AB0	6ES7 318 - 3EHL01 - 0AB0
集成式 RAM	32KB	128KB	256KB	348KB	1024KB	1MB	2MB
装载存储器 MMC 卡	最大 8MB	最大 8MB	最大 8MB	最大 8MB	最大 8MB	最大 8MB	最大 8MB
最大位操作指令执行时间	0.1μs	0.06μs	0.05μs	0.05μs	0.025μs	0.025μs	0.004μs
最小浮点数指令执行时间	1.1μs	0.59μs	0.45μs	0.45μs	0.16μs	0.16μs	0.04μs
集成 DI/DO	10/6	24/16	16/16	—	24/16	24/16	
集成 AI/AO	—	4+1/2	—	—	4+1/2	4+1/2	
FB 最大块数/大小	1024/32KB	1024/64KB	1024/64KB	1024/64KB	2048/64KB	2048/64KB	4096/64KB
FC 最大块数/大小	1024/32KB	1024/64KB	1024/64KB	1024/64KB	2048/64KB	2048/64KB	4096/64KB
DB 最大块数/大小	1024/32KB	1024/64KB	1024/64KB	1024/64KB	2048/64KB	2048/64KB	4096/64KB
OB 最大容量	32KB	64KB	64KB	64KB	64KB	64KB	64KB
位存储器	128B	256B	2048B	2048B	4096B	2048B	4096B
定时器/计数器	256/256	256/256	256/256	256/256	256/256	512/512	2048/2048
全部 I/O 地址区	1KB/1KB	1024B/1KB	2KB/2KB	1KB/1KB	8KB/8KB	8KB/8KB	8KB/8KB
I/O 过程映像	1024B/1024B	1024B/1024B	2048B/2048B	2048B/2048B	8192B/8192B	8192B/8192B	8192B/8192B
最大数字量 I/O 总数	256/256	1024/1024	16384/16384	16384/16384	992/992	65536/65536	65536/65536
最大模拟量 I/O 总数	64/64	256/256	1024/1024	1024/1024	1024/1024	4096/4096	4096/4096
模块总数	8	8	8	8	8	8	8

3）户外型 CPU。

CPU 312 IFM：具有紧凑式结构的户外型产品。内部带有集成的数字量 I/O，具有特殊功能和特殊功能的特殊输入。比较适用于恶劣环境下的小系统。

CPU 314 IFM：具有紧凑式结构的户外型产品。内部带有集成的数字量 I/O，并具有扩展的特殊功能，具有特殊功能和特殊功能的特殊输入。比较适用于恶劣环境下且对响应时间和特殊功能有较高要求的系统。

CPU 314（户外型）：具有高速处理时间和中等规模 I/O 配置的 CPU。比较适用于恶劣环境下，要求中等规模的程序量和中等规模的指令执行时间的系统。

4）故障安全型 CPU。

CPU 315F - 2DP：基于 SIMATIC CPU 315 - 2DP，集成有一个 MPI 接口、一个 DP/MPI 接口，可以组态为一个故障安全型自动化系统，满足安全运行的需要。使用带有 PROFIsafe 协议的 PROFIBUS DP 可实现与安全无关的通信；标准模块的集中式和分布式使用，可满足与故障安全无关的应用。CPU 运行时需要微存储卡 MMC。

　　CPU 317F-2DP：具有大容量程序存储器、一个 PROFIBUS DP 主/从接口、一个 DP 主/从 MPI 接口，两个接口可用于集成故障安全模块，可以组态为一个故障安全型自动化系统，可满足安全运行的需要。可以与故障安全型 ET200M I/O 模块进行集中式和分布式连接；与故障安全型 ET200S PROFIsafe I/O 模块可进行分布式连接；标准模块的集中式和分布式使用，可满足与故障安全无关的应用。CPU 运行时需要微存储卡 MMC。

　　5）运动控制型 CPU。

　　CPU 317T-2DP：除具有 CPU 317-2DP 的全部功能外，增加了智能技术/运动控制功能，能够满足系列化机床、特殊机床以及车间应用的多任务自动化系统，特别适用于同步运动序列（如与虚拟/实际主设备的耦合、减速器同步、凸轮盘或印刷点修正等）；增加了本机 I/O，可实现快速技术功能（如凸轮切换、参考点探测等）；增加了 PROFBUS DP（DRIVE）接口，可用来实现驱动部件的等时连接。与集中式 I/O 和分布式 I/O 一起，可用作生产线上的中央控制器；在 PROFIBUS DP 上，可实现基于组件的自动化分布式智能系统。

　　CPU 317-2 PN/DP：具有大容量程序存储器，可用于要求很高的应用；能够在 PROFInet 上实现基于组件的自动化分布式智能系统；借助 PROFInet 代理，可用于基于部件的自动化（CBA）中的 PROFIBUS DP 智能设备；借助集成的 PROFInet I/O 控制器，可用在 PROFInet 上运行分布式 I/O；能够满足系列化机床、特殊机床以及车间应用的多任务自动化系统；与集中式 I/O 和分布式 I/O 一起，可用作生产线上的中央控制器；可用于大规模的 I/O 配置、建立分布式 I/O 结构；对二进制和浮点数运算具有较高的处理能力；组合了 MPI/PROFIBUS DP 主/从接口；可选用 SIMATIC 工程工具。CPU 运行时需要微存储卡 MMC。

　　（2）CPU 模块的操作。

　　300CPU 的模式选择开关一般有三档，分别为 RUN、STOP 和 MRES，如图 2-1-2 所示。

　　RUN：运行模式。在此模式下，CPU 不仅可以执行用户程序，还可以通过编程设备读出监控用户程序，但不能修改用户程序。

　　STOP：停机模式。在此模式下，CPU 不执行用户程序，但可以通过编程设备（如装有 STEP 7 的 PG、装有 STEP 7 的计算机等）从 CPU 中读出或修改用户程序。

　　MRES：存储器复位模式。该位置不能保持，当开关在此位置释放时将自动返回到 STOP 位置。将开关从 STOP 模式切换到 MRES 模式时，可复位存储器，使 CPU 回到初始状态。

图 2-1-2　S7-300PLC
CPU 模块

　　（3）CPU 模块的状态与故障显示。

　　各种 CPU 模块都有 LED 指示灯用来指示运行状态或故障信息，以方便了解 CPU 的运行状态，快速处理故障。其状态信息见表 2-1-4。

表 2 - 1 - 4 CPU 模块的状态与故障显示 LED 的含义

指示灯	颜色	含义	说　明
SF	红色	系统出错/故障	下列事件引起灯亮：硬件故障，固件出错，编程出错，参数设置出错，算术运算出错，定时器出错，存储器卡故障（只在 CPU 313 和 314 上），电池故障或电源接通时无后备电池（只用于 CPU 313 和 314 上），输入、输出的故障或错误（只对外部 I/O），用编程装置读出诊断缓冲器中的内容，以确定错误/故障的真正原因
BF	红色	电池故障	电池电压低或没有电池时亮
DC5V	绿色	5V 电源正常	如果内部的 5V 直流电源正常，则灯亮
FRCE	黄色	至少有一个 I/O 被强制	I/O 被强制时亮
RUN	绿色	CPU 处于运行模式	CPU 处于运行模式时亮
STOP	黄色	CPU 处于停止模式	CPU 处于停止模式时亮

3. SIMATIC 微存储卡（MMC）

Flash EPROM 微存储卡用于在断电时保存用户程序和某些数据，它可以扩展 CPU 的存储器容量，也可以将有些 CPU 的操作系统包括在 MMC 中。MMC 用作装载存储器或便携式保存媒体，它的读写直接在 CPU 内进行，不需要专用的编程器。由于 CPU 31xC 没有安装集成的装载存储器，在使用 CPU 时必须插入 MMC。CPU 与 MMC 是分开订货的，见图 2 - 1 - 3。各 CPU 内置存储器见表 2 - 1 - 5。

表 2 - 1 - 5 各 CPU 内置存储器

特性	CPU312 IFM	CPU313	CPU314	CPU315/CPU315 - 2DP
装载存储器	内置 20KB RAM；内置 20KB EEPROM	内置 20KB RAM；最大可扩展 256 存储器卡	内置 40KB RAM；最大可扩展 512 存储器卡	内置 80KB RAM；最大可扩展 512 存储器卡
随机存储器	6KB	12KB	24KB	48KB

(a) 数学量模块

(b) 模拟量模块

图 2 - 1 - 3　SIMATIC 微存储卡　　　　图 2 - 1 - 4　数字量模块和模拟量模块

如果在写访问过程中拆下 SIMATIC 微存储器卡，卡中的数据会被破坏。在这种情况下，必须将 MMC 插入 CPU 中并删除它，或在 CPU 中格式化存储卡。只有在断电状态或 CPU 处于"STOP"状态时，才能取下 MMC。

4. 数字量模块

信号模块（SM）也叫输入/输出模块，是 CPU 模块与现场输入输出元件和设备连接的桥梁，用户可根据现场输入/输出设备选择各种用途的 I/O 模块。数字量模块、模拟量模块如图 2-1-4 所示。

S7-300 的输入/输出模块外部连线接在插入式的前连接器的端子上，前连接器插在前盖后面的凹槽内。不需断开前连接器上的外部连线，就可以迅速的更换模块。

信号模块面板上的 LED 用来显示各数字量输入/输出点的信号状态，模块安装在 DIN 标准导轨上，通过总线连接器与相邻的模块连接，连接口在模块背后。

（1）数字量输入模块 SM321。

数字量输入模块将现场送来的数字信号电平转换成 S7-300 内部信号电平。数字量输入模块有直流输入方式和交流输入方式。对现场输入元件，仅要求提供开关触点即可。输入信号进入模块后，一般都经过光电隔离和滤波，然后才送至输入缓冲器等待 CPU 采样。采样时，信号经过背板总线进入到输入映像区。

数字量输入模块 SM321 有四种型号模块可供选择，即直流 16 点输入、直流 32 点输入、交流 16 点输入、交流 8 点输入模块。

模块的每个输入点有一个绿色发光二极管显示输入状态，输入开关闭合即有输入电压时，二极管点亮。

SM321 数字量输入模块技术参数见表 2-1-6。

表 2-1-6　　　　　　　　　　　SM321 数字量输入模块技术参数

6ES7 321-	1BH02-0AA0 1BH82-0AA0	1BH50-0AA0	1BL00-0AA0 1BL80-0AA0	1CH00-0AA0	1CH80-0AA0
输入点数	16	16 源输入	32	16	16
额定输入电压	DC 24V	DC 24V	DC 24V	AC/DC 24~48V	DC48~125V
隔离，分组数	光耦，16 组	16 组	16 组	光耦，1 组	光耦，8 组
输入电流	9mA	7mA	7mA	8mA	2.6mA
输入延迟时间	1.2~4.8ms	1.2~4.8ms	1.2~4.8ms	最大 15ms	1~3ms
允许最大静态电流	1.5mA	1.5mA	1.5mA	1.0mA	1.0mA
6ES7 321-	7BH00-0AB0 7BH80-0AB0	1FH00-0AA0	1EL00-0AA0	1FF01-0AA0 1FF81-0AA0	1FF10-0AA0
输入点数	16，有中断功能	16	32	8	8
额定输入电压	DC 24V	AC 120/230V	AC 120V	AC 120/230V	AC 120/230V
隔离，分组数	光耦，16 组	光耦，4 组	光耦，8 组	光耦，2 组	光耦，1 组
输入电流	7mA	17.3mA （AC 264V）	21mA	11mA（230V）	17.3mA（230V）
输入延迟时间	0.1/0.5/3/ 15/20ms 可选	25ms	25ms	25ms	25ms
允许最大静态电流	1.5mA	2mA	4mA	2mA	2mA

（2）数字量输出模块 SM322。

数字量输出模块 SM322 将 S7 - 300 内部信号电平转换成过程所要求的外部信号电平，可直接用于驱动电磁阀、接触器、小型电动机、灯和电动机启动器等。按负载回路使用的电源不同，它可分为直流输出模块、交流输出模块和交直流两用输出模块。按输出开关器件的种类不同，它又可分为晶体管输出方式、可控硅输出方式和继电器触点输出方式。晶体管输出方式的模块只能带直流负载，属于直流输出模块；可控硅输出方式属于交流输出模块；继电器触点输出方式的模块属于交直流两用输出模块。从响应速度上看，晶体管响应最快，继电器响应最慢；从安全隔离效果及应用灵活性角度来看，以继电器触点输出型最佳。

数字量输出模块 SM322 有多种型号输出模块可供选择，常用模块的有 8 点晶体管输出、16 点晶体管输出、32 点晶体管输出、8 点可控硅输出、16 点可控硅输出、8 点继电器输出和 16 点继电器输出。模块的每个输出点有一个绿色发光二极管显示输出状态，输出逻辑"1"时，二极管点亮。

SM322 数字量输出模块技术参数见表 2 - 1 - 7，SM322 继电器型数字量输出模块技术参数见表 2 - 1 - 8。

表 2 - 1 - 7　　　　　　　　　SM322 数字量输出模块技术参数

6ES7 322 -	1BH01 - 0AA0 1BH81 - 0AA0	1BL00 - 0AA0	8BF00 - 0AB0 8BF80 - 0AB0	5GH00 - 0AB0	1CF80 - 0AA0	1BF01 - 0AA0
输出点数	16	32	8, 有中断功能	16	8	8
额定输入电压	DC 24V	DC 24V	DC 24V	DC24/48V	DC48～125V	DC 24V
分组数，隔离	8，光耦	8，光耦	8，光耦	1，光耦	4，光耦	4，光耦
最大输出电流(60℃) 最大灯负载 最小电流	0.5A 5W 5mA	0.5A 5W 5mA	0.5A 5W 10mA	0.5A 5W	1.5A 40W/120V 10mA	2A 10W 5mA
感性负载最大输出频率 阻性负载最大输出频率 灯负载最大输出频率	100Hz 0.5Hz 100Hz	100Hz 0.5Hz 100Hz	100Hz 2Hz 100Hz	0.5Hz — —	20Hz 0.5Hz 10Hz	100Hz 0.5Hz 100Hz
短路保护	电子式	电子式	电子式	外部提供	电子式	电子式

表 2 - 1 - 8　　　　　　　　　SM322 继电器型数字量输出模块技术参数

6ES7 322	1HF01 - 0AA0	1HF10 - 0AA0 1HF80 - 0AA0	5HF00 - 0AB0	1HH01 - 0AA0
输出点数	8 继电器	8 继电器	8 继电器	16 继电器
诊断	—	关断，上一次值/替代值	—	—
最高电压	DC 120V/AC 230V			
每组点数，隔离	2，光耦	1，光耦	1，光耦	8，光耦
每组总输出电流（60℃）	4A	—	5A	8A
阻性负载最大输出电流	2A/AC 230V, 2A/DC 24V	AC 8A/230V, 5A/DC 24V	5A	2A/AC 230V, 2A/DC 24V

续表

6ES7 322	1HF01 - 0AA0	1HF10 - 0AA0 1HF80 - 0AA0	5HF00 - 0AB0	1HH01 - 0AA0
感性负载最大输出电流	2A/AC 230V, 2A/DC 24V	3A/AC 230V, 2A/DC 24V	5A	2A/AC 230V, 2A/DC 24V
阻性负载最大输出频率	2Hz	2Hz	2Hz	1Hz
感性负载最大输出频率	0.5Hz	0.5Hz	0.5Hz	0.5Hz
灯负载最大输出频率	2Hz	2Hz	2Hz	1Hz
机械负载最大输出频率	10Hz	10Hz	10Hz	10Hz
触点寿命（AC 230V）	2A，10^5	3A，10^5	5A，10^5	2A，10^5
短路保护	外部提供			

（3）数字量 I/O 模块 SM323。

SM323 模块有两种类型，一种是带有 8 个共地输入端和 8 个共地输出端，另一种是带有 16 个共地输入端和 16 个共地输出端，两种特性相同。图 2 - 1 - 5 是 8 个共地的输入端、输出端 SM323 模块的端子连接及电气原理图，端子 1～10 用于输入，端子 11～20 用于输出。I/O 额定负载电压 24V DC，输入电压 "1" 信号电平为 11～30V，"0" 信号电平为 -3～+5V，I/O 通过光耦与背板总线隔离。在额定输入电压下，输入延迟为 1.2～4.8ms。输出具有电子短路保护功能。

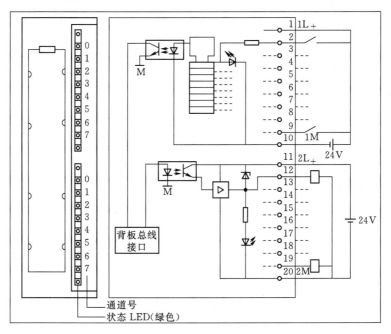

图 2 - 1 - 5　SM323 模块端子连接及电气原理图

5. 模拟量模块

S7 - 300 模拟量输入模块的输入测量范围很宽，它可以直接输入电压、电流、电阻、热电偶等信号，而 S7 - 300 模拟量输出模块可以输出 0～10V、1～5V、-10～10V、0～20mA、4～20mA、-20～20mA 等模拟信号，具体的各种模拟量输入范围的数字化表示以及数字量与不同的模拟输出范围间的对应关系，请参考相关技术手册。

（1）模拟量输入模块 SM331。

模拟量输入模块 SM331 目前有三种规格型号，即 8AI×12 位模块、2AI×12 位模块和 8AI×16 位模块，分别为 8 通道的 12 位模拟量输入模块、2 通道的 12 位模拟量输入模块、8 通道的 16 位模拟量输入模块。其中具有 12 位输入的模块除了通道数不一样外，其工作原理、性能、参数设置等各方面都完全一样。

SM331 模拟量输入模块技术参数见表 2 - 1 - 9。

表 2 - 1 - 9　　　　　　　　　　SM331 模拟量输入模块技术参数

6ES7 331 -	7KF02 - 0AB0	1KF00 - 0AB0	7KB02 - 0AB0 7KB82 - 0AB0	7PF00 - 0AB0	7PF10 - 0AB0	7NF00 - 0AB0	7NF10 - 0AB0
输入点数 用于电阻测量	8 4	8 8	2 1	8	8	8	8
极限值中断 诊断中断	可组态 通道 0,2	— —	可组态 通道 0	可组态 每个通道	可组态 每个通道	可组态通道 0,2 可组态	所有通道 可组态
额定输入电压 反极性保护	DC 24V 有		DC 24V 有	DC 24V 有	DC 24V 有		
电压输入量程/ 输入阻抗	±80mV/10MΩ ±250mV/10MΩ ±500mV/10MΩ ±1V/10MΩ ±2.5V/100kΩ ±5V/100kΩ 1~5V/100kΩ ±10V/100kΩ	±50mV/10MΩ ±500mV/10MΩ ±1V/10MΩ ±5V/100kΩ 1~5V/100kΩ ±10V/100kΩ	±80mV/10MΩ ±250mV/10MΩ ±500mV/10MΩ ±1V/10MΩ ±2.5V/100kΩ ±5V/100kΩ 1~5V/100kΩ ±10V/100kΩ			±5V/2MΩ 1~5V/2MΩ ±10V/2MΩ	±5V/10MΩ 1~5V/10MΩ ±10V/10MΩ
电流输入量程/ 输入阻抗	±10mA/25Ω ±3.2mA/25Ω ±20mA/25Ω 0~20mA/25Ω 4~20mA/25Ω	±20mA/50Ω 0~20mA/50Ω 4~20mA/50n	±10mA/25Ω ±3.2mA/25Ω ±20mA/25Ω 0~20mA/25Ω 4~20mA/25Ω			±20mA/250Ω 0~20mA/250Ω 4~2nA/250Ω	±20mA/250Ω 0~20mA/250Ω 4~20mA/250Ω
电阻输入量程/ 输入阻抗	150/10MΩ 300/10MΩ 600/10MΩ	0~600/10MΩ 0~6000/10MΩ	150/10MΩ 300/10MΩ 600/10MΩ	150/10MΩ 300/10MΩ 600/10MΩ			
热电偶的型号	E,N,J,K/ 10MΩ	E,N,J,K/ 10MΩ	E,N,J,K/ 10MΩ		B,E,J,K,L, N,R,S,T,U		
热电阻的型号/ 输入阻抗	Pt100/10MΩ 标准型 Ni100 标准型	Pt100/10MΩ 标准型 Ni100 气候型	Pt100/10MΩ 标准型 Ni100 标准型	Pt100, Pt200 Pt500, Pt1000 Ni100, Ni120 Ni200, Ni500 N1000, Gu10			
2 线电流变送器 4 线电流变送器	可以 可以	可以，外部供电 可以	可以 可以			带外部变送器 可以	带外部变送器 可以
转换时间/通道	2.5/16.7/20/ 100ms	1.67/20ms	2.5/16.7/20/ 100ms			2.5/16.7/20/ 100ms	8 通道 23/72/ 83/95ms

续表

6ES7 331 -	7KF02 - 0AB0	1KF00 - 0AB0	7KB02 - 0AB0 7KB82 - 0AB0	7PF00 - 0AB0	7PF10 - 0AB0	7NF00 - 0AB0	7NF10 - 0AB0
基本转换时间 最多 4 通道 5 通道以上	— —	— —	— —	10ms/模块 190ms/模块	10ms/模块 190ms/模块	— —	— —
单极性分辨率 双极性分辨率	9/12/12/14 位 9/12/12/14 位+符号位	13/13 位 12/12 位+符号位	9/12/12/14 位 9/12/12/14 位+符号位	— —	— —	15/15/15/15 位 15/15/15/15 位+符号位	15/15/15/15 位 15/15/15/15 位+符号位
干扰抑制频率	400/60/50/10Hz	60/50Hz	400/60/50/10Hz	400/60/50/10Hz	400/60/50/10Hz	400/60/50/10Hz	400/60/50/10Hz
运行误差极限 对应输入范围	±0.1%	±0.6%， ±1.2K	±1%	±0.1%， ±1K	±0.1%， ±1K	±0.1%（电压） ±0.3%（电流）	±0.1%（电压） ±0.3%（电流）
基本误差，25℃ 对应输入范围	±0.6%	±0.4%， ±1.2K	±0.6%	±0.05%， ±0.5K	±0.05%， ±0.5K	±0.05%	±0.05%

（2）模拟量输出模块 SM332。

模拟量输出模块 SM332 目前有三种规格型号，即 4AO×12 位模块、2AO×12 位模块和 4AO×16 位模块，分别为 4 通道的 12 位模拟量输出模块、2 通道的 12 位模拟量输出模块、4 通道的 16 位模拟量输出模块。其中具有 12 位输入的模块除通道数不一样外，其工作原理、性能、参数设置等各方面都完全一样。

SM332 模拟量输入模块技术参数见表 2 - 1 - 10。

表 2 - 1 - 10　　　　　　　SM332 模拟量输入模块技术参数

6ES7 332 -	5HB01 - 0AB0 5HB81 - 0AB0	5HD01 - 0AB0	5HF00 - 0AB0	7N1300 - 0AB0
输出点数	2	4	8	4
输出范围	0～10V，±10V，1～5V，4～20mA，0～20mA，±20mA			
最大负载阻抗	电压输出 1kΩ，电流输出 0.5kΩ，容性输出 1μF，感性 1mH			
最大转换时间/通道	0.8ms			1.5ms
建立时间	阻性负载 0.2ms，容性负载 3.3ms，感性负载 0.5ms			
分辨率	±10V，±20mA 时为 11 位+符号位，其余为 12 位			15 位+符号位
0～60℃工作极限，对应于输出范围	电压±0.5%，电流±0.6%			电压±0.12%， 电流±0.18%
25℃时基本误差，对应于输出范围	电压±0.4%，电流±0.5%			电压电流均为 ±0.01%

（3）模拟量 I/O 模块 SM334。

模拟量 I/O 模块 SM334 有两种规格，一种是有 4 模入/2 模出的模拟量模块，其输入、输出精度为 8 位；另一种也是有 4 模入/2 模出的模拟量模块，其输入、输出精度为 12 位。SM334 模块输入测量范围为 0～10V 或 0～2mA，输出范围为 0～10V 或 0～20mA。它的 I/O 测量范围的选择是通过恰当的接线而不是通过组态软件编程设定的。与其他模拟量模块不同,SM334 没有负的测量范围,且精度比较低。SM334 的通道地址见表 2 - 1 - 11。SM334、SM335 模拟量输入模块技术参数见表 2 - 1 - 12。

表 2 - 1 - 11　　　　　　　　　　　　　　SM334 的通道地址

通　　道	地　　址
输入通道 0	模块的起始
输入通道 1	模块的起始+2 B 的地址偏移量
输入通道 2	模块的起始+4 B 的地址偏移量
输入通道 3	模块的起始+6 B 的地址偏移量
输出通道 0	模块的起始
输出通道 1	模块的起始+2 B 的地址偏移量

表 2 - 1 - 12　　　　　　　　SM334、SM335 模拟量输入模块技术参数

6ES7	334 - 0CE01 - 0AA0	334 - 0KE00 - 0AB0 334 - 0KE80 - 0AB0	335 - 7HG01 - 0AB0 快速模拟量输入/输出模块
输入点数	4	4	4
输入范围/输入阻抗	0～10 V/100kΩ, 0～20mA/50Ω	0～10V/100kΩ, 电阻 10kΩ, Pt100	±1V,±10V,±2.5V,0～2V,0～10V;10MΩ ±10mA, 0～20mA, 4～20mA;100Ω
分辨率	8 位	12 位	双极性 13 位＋符号位,单极性 14 位
转换时间		每通道最大 85ms	200μs, 4 通道最大 1ms
运行极限	电压±0.9%, 电流±0.8%	电压±0.7%, Pt100±1.0%	电压±0.15%,电流±0.25%
基本误差限制	电压±0.7%, 电流±0.6%	电压±0.5%, Pt100±0.8%	±0.13%
输出点数	2	2	4
输出范围	0～10V, 0～20mA	0～10V	0～10V, ±10V
负载阻抗	电压输出最小 5kΩ 电流输出最大 300Ω	电压输出最小 2.5kΩ	
分辨率	8 位	12 位	双极性 11 位＋符号位,单极性 12 位
转换时间	每通道最大 0.5ms	每通道最大 0.5ms	每通道最大 0.8ms
运行极限	电压±0.8%, 电流±1.0%	电压±1.0%	±0.5%
基本误差限制	电压±0.4%, 电流±0.8%	电压±0.85%	±0.2%
扫描时间(AI+AO)	所有通道 5ms	所有通道 85ms	

6. FM 模块

功能模块主要用于对实时性和存储容量要求高的控制任务,例如计数器模块、快速/慢速进给驱动位置控制模块、电子凸轮控制其模块、步进电动机定位模块、伺服电动机定位模块、定位和连苏路径控制模块、闭环控制模块、工业标示系统的接口模块、称重模块、位置输入模块、超声波位置解码器等。

7. CP 模块

S7 - 300 系列 PLC 有多种用途的通信处理器模块，如 CP340、CP342 - 5 DP、CP343 - FMS 等，其中既有为装置进行点对点通信设计的模块，也有为 PLC 上网到西门子的低速现场总线网 SINEC L2 和高速 SINEC H1 网设计的网络接口模块。下面重点介绍 CP342 - 5DP 模块。

CP342 - 5 DP 是为把 S7 - 300 系列 PLC 连接到西门子 SINEC L2 网络上而设计的成本优化的通信模块。它是一个智能化的通信模块，能大大减轻 CPU 的负担，也支持很多其他通信电路。

CP342 - 5 DP 应用于 S7 - 300 系统中，提供给用户 SINECL2 网的各种通信服务。它既可以作为主机或从机，将 ET200 远程 I/O 系统连接到 PROFIBUS 现场总线中去，也可以与编程装置或人机接口（MMI）通信，还可以与其他 SIMATIC S7 PLC 或 SIMATIC S5 通信，并且可以与配有 CP5412（A2）的 AT PC 机以及来自其他制造商的具有 FBL（Field Bus Link）接口的系统建立连接，还能与 MPI 分支网上的其他 CPU 进行全局数据通信。

NCM S7 - L2 组态软件可以为实现以上功能进行参数配置。CP342 - 5 DP 内部有 128 KB 的 Flash EPROM，可以可靠地对参数进行备份，在掉电时参数也能被保持。CP342 - 5 DP 主要技术数据如下：

（1）用户存储器（Flash EPROM）128KB。

（2）SINEC L2 LAN 标准符合 DIN 19245。

（3）RS - 485 传输方式，波特率为 9.6～1500kbit/s。

（4）可连接的设备数量达 127 个。

另外，CP343 - FMS 是采用 PROFIBUS - FMS 协议的现场总线通信模块，可以用于更加复杂的现场通信任务。

2.1.2　S7 - 300PLC 硬件安装

正确的硬件安装是系统正常工作的前提，要严格按照电气安装规范安装。

1. 安装导轨

在安装导轨时，应留有足够的空间用于安装模板和散热（模板上下至少应有 40mm 的空间，左右至少应有 20mm 空间），见图 2 - 1 - 6。

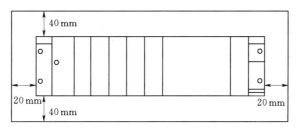

图 2 - 1 - 6　S7 - 300 系统安装所需空间

在安装表面划安装孔。在所画线的孔上钻直径为（6.5＋0.2）mm 的孔，用 M6 螺钉

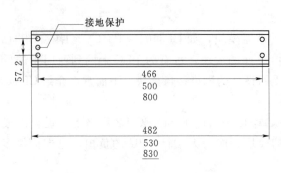

图 2 - 1 - 7　导轨上的保护地连接

安装导轨，把保护地连到导轨上（通过保护地螺丝，导线的最小截面积为 $10mm^2$），见图 2 - 1 - 7。

应注意，在导轨和安装表面（接地金属板或设备安装板）之间会产生一个低阻抗连接。如果在表面涂漆或者经阳极氧化处理，应使用合适的接触剂或接触垫片。

2. 安装模块

从左边开始，按照如图 2 - 1 - 8 顺序，将模块安装在导轨上。

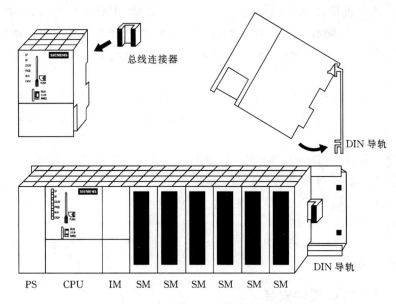

图 2 - 1 - 8　S7 - 300 模块安装顺序

具体安装步骤见表 2 - 1 - 13。

表 2 - 1 - 13　　　　　　　　　　　　　　S7 - 300 模块安装步骤

序号	连 接 方 法	图 例
1	将总线连接器插入 CPU 和信号模块/功能模块/通讯模块/接口模块。 注意事项：每个模块（除了 CPU 以外）都有一个总线连接器；在插入总线连接器时；必须从 CPU 开始将总线连接器插入前一个模块；最后一块模块不能安装总线连接器	

续表

序号	连 接 方 法	图 例
2	按照模块的规定顺序，将所有模块悬挂在导轨上①，将模块滑到左边的模块边上②，然后向下安装模块③	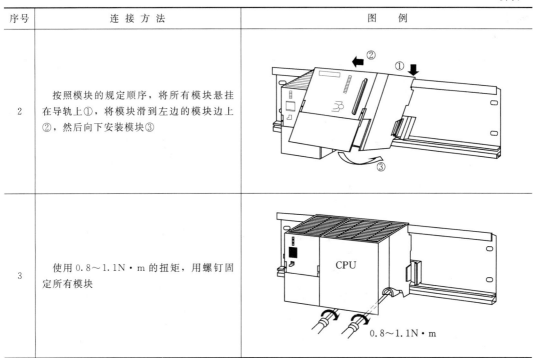
3	使用 0.8～1.1N·m 的扭矩，用螺钉固定所有模块	

任务 2.2　STEP 7 软件安装

◆**知识目标**

认知西门子 STEP 7 软件对安装环境的要求。

◆**能力目标**

能安装西门子 STEP 7 软件和授权。

◆**相关知识**

2.2.1　STEP 7 对系统软硬件要求

1. STEP 7 对系统平台的要求

STEP 7 发展至今已有几个版本，早期版本要求的系统必须为 Windows 2000（sp3、sp4、STEP 7 中文版不支持 Windows 2000）、Windows XP 专业版（至少 sp1），早期版本不支持 64 位操作系统。随着 STEP.7.V5.5.SP2 中文版的诞生，STEP.7.V5.5.SP2.CN 可安装到 Windows 7 等 64 位操作系统中。

2. STEP 7 对电脑硬件的要求

在 Windows XP 专业版中安装时，PC 机需要至少 512MB 的内存，主频至少 600MHz（推荐内存扩展到 1GB）。

在 Windows Server 2003 中安装时，PC 机需要至少 1GB 的内存，主频至少 2.4GHz。

在 Windows 7 操作系统中安装时，PC 机需要至少 1GB 的内存，主频至少 1GHz（推荐内存扩展到 2GB）。

以上均为 STEP 7 对电脑硬件的最低要求，为能更好地使用 STEP 7，电脑的硬件配置宜采用当下主流电脑的相关配置。

2.2.2 STEP 7 软件包的安装

（1）首先右击 STEP.7.V5.5.SP2 CN.iso 文件解压到 STEP 7 V5.5 SP2 文件夹（或者解压到随意的英文文件夹中，如果有中文目录安装时会提示未找到 ssf），因此文件不能解压到电脑桌面。

（2）打开 STEP.7.V5.5.SP2 文件夹，双击 setup.exe，进行安装，提示电脑需要重启，如图 2 - 2 - 1 所示。

图 2 - 2 - 1　提示电脑重启

（3）重启后双击 setup.exe，选择"接受许可协议"并单击"下一步"，如图 2 - 2 - 2 所示。

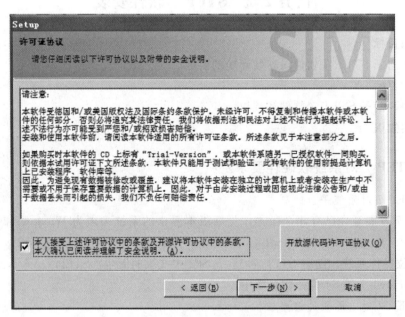

图 2 - 2 - 2　选择接受

（4）选择需要安装的项目，建议选择全部安装，如图 2 - 2 - 3 所示。

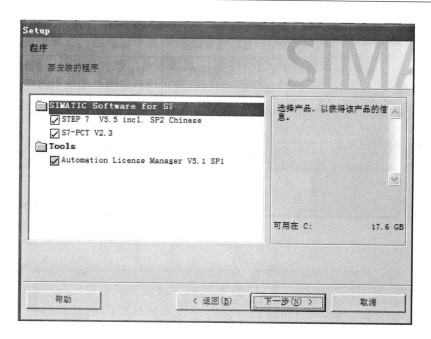

图 2 - 2 - 3　STEP 7 安装过程——选择要安装的程序

（5）接受设置的更改，单击"下一步"，如图 2 - 2 - 4 所示。

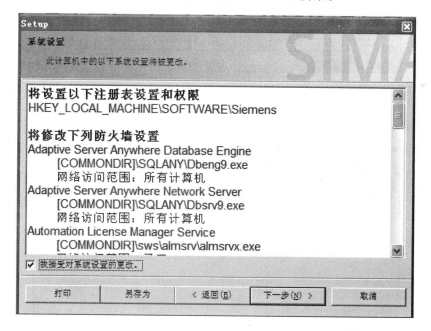

图 2 - 2 - 4　STEP - 7 安装过程——提示系统设置的更改

（6）程序进入安装状态，根据计算机性能的不同，需要十几分钟到一个半小时左右时间，安装时请耐心等待。

（7）进入逐个程序安装，到这里选择"下一步"，如图 2 - 2 - 5 和图 2 - 2 - 6 所示。

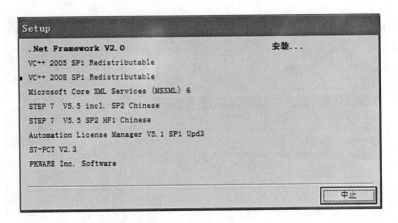

图 2 - 2 - 5　STEP 7 安装过程——提示正在安装的内容

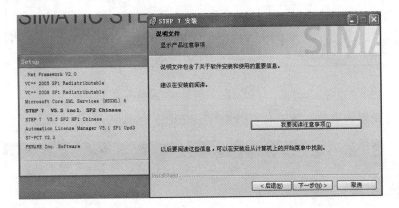

图 2 - 2 - 6　STEP 7 安装过程——提示阅读产品注意事项

（8）继续点击"下一步"，如图 2 - 2 - 7 所示。

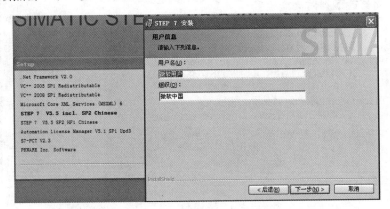

图 2 - 2 - 7　STEP 7 安装过程——注册用户信息

（9）选择"典型的"安装，点击"下一步"，如图 2 - 2 - 8 所示。

（10）选择简体中文，点击"下一步"，如图 2 - 2 - 9 所示。

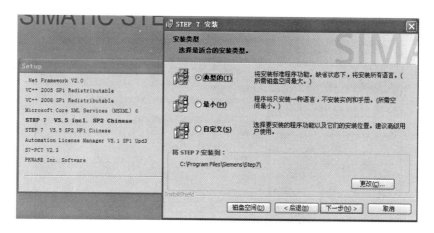

图 2 - 2 - 8　STEP 7 安装过程——选择安装类型

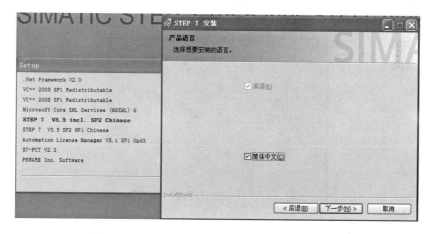

图 2 - 2 - 9　STEP 7 安装过程——选择安装语言

（11）在此选择"否，以后再传送许可证密匙"，点击"下一步"，如图 2 - 2 - 10 所示。

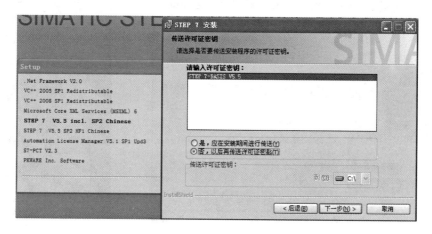

图 2 - 2 - 10　STEP 7 安装过程——提示是否密匙验证

（12）在此点击"安装"，程序会继续进行安装，如图 2－2－11 所示。

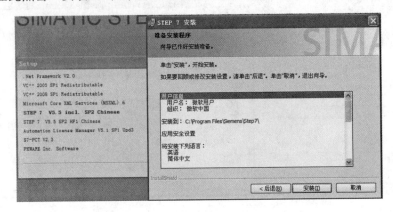

图 2－2－11 STEP 7 安装过程——准备安装程序

（13）选无，点击"确定"，见图 2－2－12。

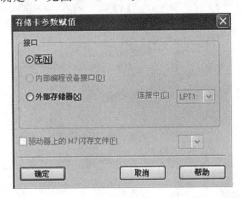

图 2－2－12 STEP 7 安装过程——储存卡参数赋值

（14）如图 2－2－13 所示选择立即重启电脑，重启完后再授权。重启后电脑桌面上会多三个图标，见图 2－2－14。

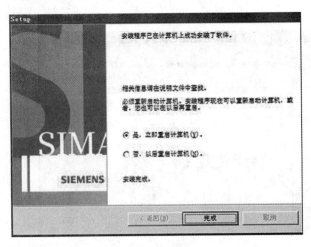

图 2－2－13 STEP 7 安装过程——提示重启电脑　　图 2－2－14 STEP 7 的图标

（15）授权说明。打开授权文件，如图 2-2-15 所示。

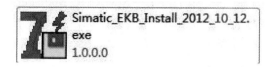

图 2-2-15　STEP 7 授权文件

然后按如图 2-2-16 所示完成操作，到此安装、授权完成，可以使用该软件了。

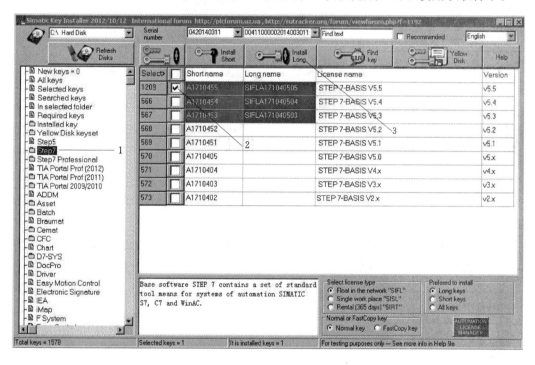

图 2-2-16　STEP 7 授权过程

任务 2.3　SIMATIC 管理器界面认识

◆**知识目标**

认知西门子 STEP-7 软件的项目管理器界面。

◆**能力目标**

能在 STEP-7 软件的项目管理器界面进行的项目管理。

◆**相关知识**

SIMATIC 管理器是 STEP 7 的项目管理窗口，是用于 S7-300 和 S7-400 项目、编程和管理的基本应用程序。在 SIMATIC 管理器中可进行项目设置、配置硬件并为其分配参数、硬件网络、程序块、对程序进行高度等操作，操作中所用到的 STEP 7 工具，会自动在 SIMATIC 管理器环境下启动。

通过 Windows 的"开始"→ SIMATIC→SIMATIC Manager 菜单命令，或点击桌面上的 SIMATIC 管理器图标启动 SIMATIC 管理器，如图 2-3-1 和图 2-3-2 所示。管理器的运行界面如图 2-3-3 所示。

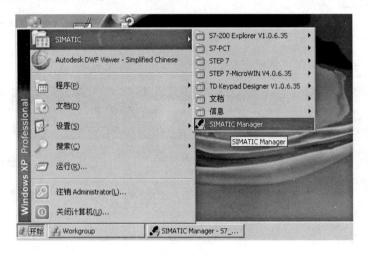

图 2-3-1　打开 SIMATIC 管理器方法（一）

图 2-3-2　打开 SIMATIC 管理器方法（二）

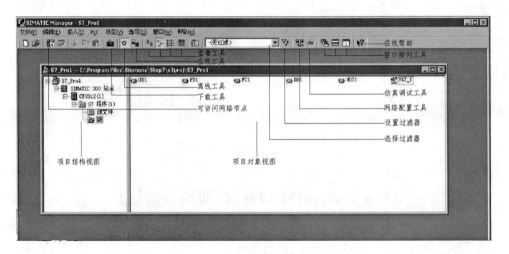

图 2-3-3　管理器的运行界面

任务 2.4　项目的创建及硬件组态

◆**知识目标**

认知西门子 STEP 7 软件创建项目和硬件组态过程。

◆**能力目标**

能应用西门子 STEP 7 软件创建项目和硬件组态。

◆相关知识

STEP 7 是用于西门子 SIMATIC 可编程控制器组态和编程的标准软件包，提供一系列的应用程序，如 Symbol Editor（符号编辑器）、编程语言、硬件组态等。

2.4.1 创建工程项目

双击桌面上的 STEP 7 图标进入 SIMATIC 管理器，单击菜单"文件"→"新建"，新建一个工程项目，填写项目名称和选择存储的位置，例如项目名称为 Test，如图 2-4-1 所示。

图 2-4-1 新建 Step 及其存储路径

单击"确定"按钮，生成如图 2-4-2 的新工程 Test。

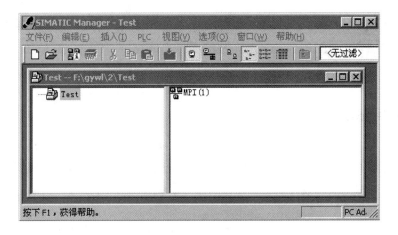

图 2-4-2 生成新工程 Step7

建立 S7 - 300 站点。在项目管理窗口，单击菜单"插入"→"站点"→"SIMATIC 300 站点"，如图 2 - 4 - 3 所示。

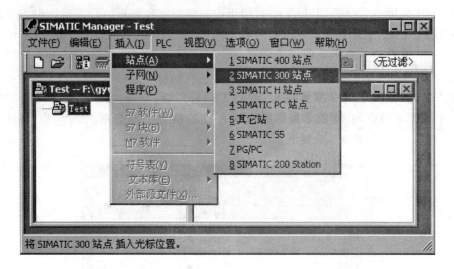

图 2 - 4 - 3　插入 S7 - 300 站点

完成 S7 - 300 站点插入后，单击展开左边项目列表 Test→SIMATIC 300（1），单击 "SIMATIC 300（1）"，右边窗口出现"硬件"，如图 2 - 4 - 4 所示。

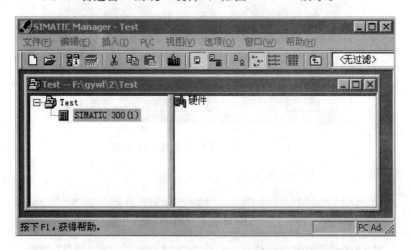

图 2 - 4 - 4　完成插入 S7 - 300 站点的项目管理窗口

2.4.2　硬件组态

在图 2 - 4 - 4 中，双击右边的"硬件"，弹出 HW Config 硬件组态窗口，即可进入硬件组态环境，如图 2 - 4 - 5 所示。在窗口的右边是硬件目录列表，所谓的硬件组态就是要从硬件目录中选取与实际硬件对应的机架、电源、CPU 和信号模块等资源进行配置。

1. 插入机架

在硬件组态窗口中，展开硬件目录，"SIMATIC 300"→"RACK - 300"，插入

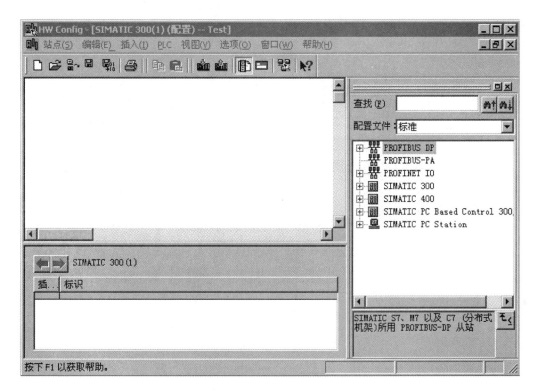

图 2-4-5　HW Config 硬件组态界面

300PLC 机架 "Rail"，见图 2-4-6。

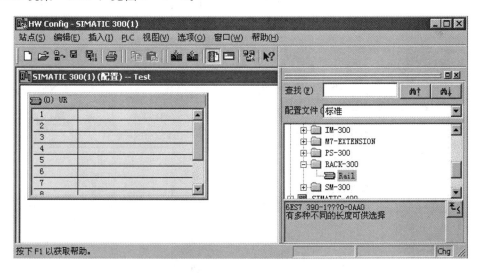

图 2-4-6　在 HW Config 中插入 300PLC 机架 "Rail"

2. 组态电源模块

在机架第一栏中插入电源模块，方法是展开硬件目录 "SIMATIC 300" → "PS" → "PS-300"，选取 "PS 307 2A" 电源模块插入机架 1 槽，见图 2-4-7。

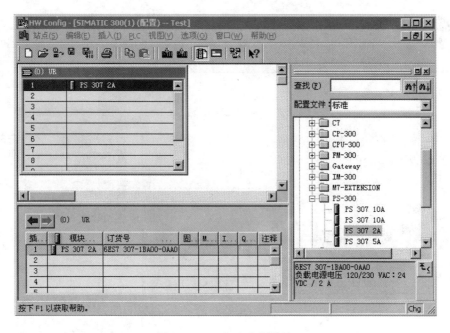

图 2 – 4 – 7　组态电源模块

3. 组态 CPU

展开 "SIMATIC 300" → "CPU 300" → "CPU 315 – 2EH14 – OABO"，将 "V3.1"
插入到机架的 2 槽（图 2 – 4 – 8），弹出的 Ethernet 接口 PN – IO 属性对话窗口，见图
2 – 4 – 9。CPU315 – 2 PN/DP 支持以太网通信，要使电脑通过网线与 PLC 通信，应设置
IP 地址与电脑端 IP 地址同属一网段内。设置 IP 地址后，单击 "确定"，完成 CPU 组态。

图 2 – 4 – 8　组态 CPU315 – 2 PN/DP

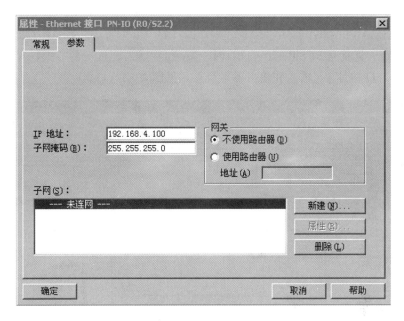

图 2-4-9 Ethernet 接口 PN-IO 属性对话窗口

4. 组态模拟量模块

展开 "SIMATIC 300" → "SM" → "AI/AO-300",将 "SM 334 AI4/AO2×8/8Bit"(订货号 6EST 334-0CE01-0AA0)插入到机架的 4 槽,STEP-7 自动分配 I 地址 256~263,Q 地址 256~259,即输入 4 个通道,输出 2 个通道,见图 2-4-10。

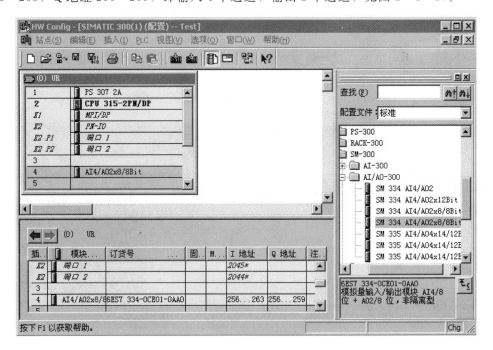

图 2-4-10 组态模拟量模块

5. 组态数字量模块

展开"SIMATIC 300"→"SM"→"DI/DO - 300",将"SM 323 DI8/DO8 ×
DC24V/0.5A"(订货号 6EST 323 - 1BH01 - 0AA0)插入到机架的 5 槽,STEP - 7 自动
分配 I 地址 4,Q 地址 4,输入和输出各 8 个点,见图 2 - 4 - 11。

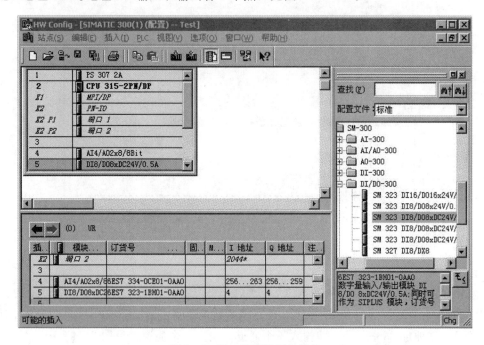

图 2 - 4 - 11　组态数字量模块

6. 保存编译

硬件设置完毕后单击工具栏的保存及编译按钮 ███ 完成硬件组态。在项目管理窗口,
展开左边 Test 项目树,点击"块",右边出现主程序块"OB1",就可以进入主程序编程
环境,见图 2 - 4 - 12。

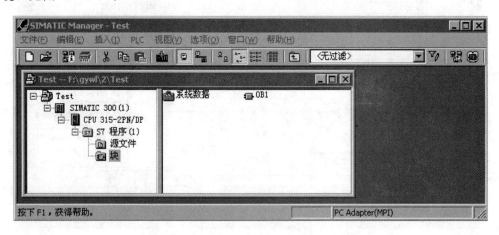

图 2 - 4 - 12　完成硬件组态的项目管理窗口

36

任务 2.5 程序的输入及下载

◆知识目标

认知 STEP-7 的程序输入和下载方法。

◆能力目标

1. 能输入用户程序。

2. 能根据电脑与 PLC 的通信连接设置 PG/PC 接口。

3. 能进行程序下载操作。

◆相关知识

根据任务 2.4 中有关创建项目并完成硬件组态，就可以编写项目控制程序。

2.5.1 在 OB1 中创建程序

OB1 是 CPU 的主循环组织块，如用户程序比较简单，可以在 OB1 中编辑整个程序。在项目管理窗口中，如果是第一次双击 OB1 图标，则打开 OB1 属性窗口，见图 2-5-1。在常规选项卡，选择自己熟悉的编程语言（如 LAD），然后单击确定按钮，启动了程序编辑窗口。

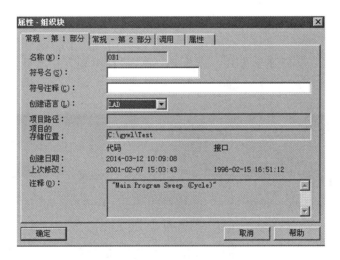

图 2-5-1　OB1 组织块属性页面

1. 编程窗口认知

如图 2-5-2 所示，编程窗口主要有顶部的工具栏、左边的指令列表、中间编程区。中间编程区为程序段标题、程序注释和程序。

2. 程序输入

如果采用梯形图编程，程序有三种输入方法：方法一使用工具栏；方法二使用指令列表，即按住鼠标左键将指令拖到梯形图中；方法三在梯形图指令的字母符号。

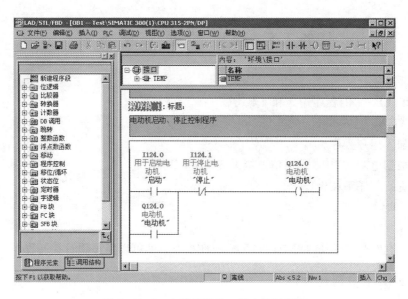

图 2 – 5 – 2　电动机启动、停止控制程序

3. 程序段的插入和删除

把鼠标放在程序段名称上点击鼠标右键，使用快捷键就可以进行程序段的插入和删除操作。

2.5.2　通信设置

根据电脑与 PLC 实际通信方式，选择 PG/PC 接口类型。在项目管理窗口单击菜单"选项"→"设置 PG/PC 接口"，如图 2 – 5 – 3 所示。

图 2 – 5 – 3　进入通信参数设置

在"设置 PG/PC 接口"窗口中，若电脑与 PLC 的连接方式为 MPI 电缆连接，则选择"TS Adapter"选项，如图 2-5-4 所示，然后单击"属性"按钮，弹出图 2-5-5。

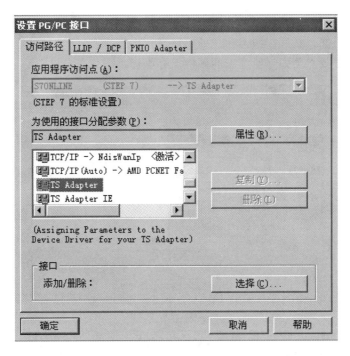

图 2-5-4 PG/PC 通信接口设置窗口

接下来设置串口通信参数，在本地连接选项卡，选择 PLC 的 MPI 电缆所连接到计算机的串行口编号 COM1，传输率选择 19200，如图 2-5-5 所示。

图 2-5-5 串口参数设置

2.5.3　下载硬件及程序

1. 硬件下载

在硬件组态窗口的工具栏，点击硬件下载工具图标，见图 2－5－6，弹出图 2－5－7 选择节点地址对话框，然后按图上标注的顺序进行操作。

提示：硬件下载前要先将所组态的硬件保存编译。

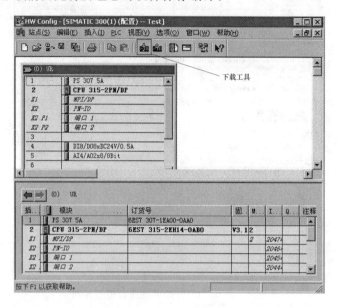

图 2－5－6　硬件下载

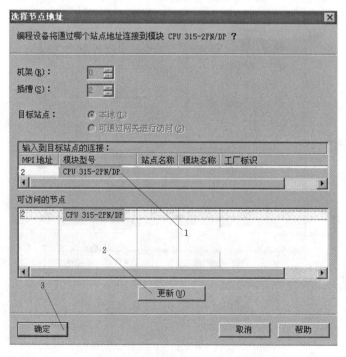

图 2－5－7　硬件下载操作顺序

2. 系统数据和程序下载

完成硬件下载后，就可以下载系统数据和程序了，在项目管理窗口，展开 Test 目录树，单击"块"，选中右侧的"系统数据"及"OB1"等数据块，如图 2 - 5 - 8 所示，然后点击工具栏的下载工具图标进行下载。

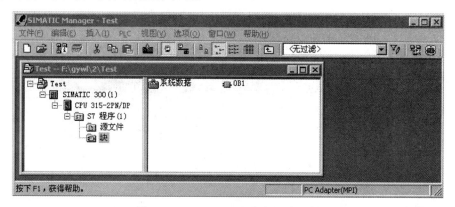

图 2 - 5 - 8　Test 工程中的程序下载

任务 2.6　S7 - PLCSIM 仿真软件的调试应用

◆**知识目标**

认知 S7 - PLCSIM 仿真软件的功能和使用方法。

◆**能力目标**

能应用 S7 - PLCSIM 仿真软件进行程序仿真调试。

◆**相关知识**

2.6.1　S7 - PLCSIM 软件的功能

S7 - PLCSIM Simulating Modules 仿真软件由西门子公司推出，可以替代西门子 PLC 硬件，当培训人员设计好控制程序后，无须 PLC 硬件支持，可以直接调用仿真软件来验证。其主要功能如下。

1. 模拟 PLC 的寄存器

可以模拟 512 个计时器（T0 - T511）、可以模拟 131072 位（二进制）M 寄存器、可以模拟 131072 位 I/O 寄存器、可以模拟 4095 个数据块、2048 个功能块（FBs）和功能（FCs）、本地数据堆栈 64K 字节、66 个系统功能块（SFB0 - SFB65）、128 个系统功能（SFC0 - SFB127）、123 个组织块（OB0 - OB122）。

2. 对硬件进行诊断

对于 CPU，还可以显示其操作方式，如图 2 - 6 - 1

图 2 - 6 - 1　CPU 的操作方式

所示。SF（system fault）表示系统报警；DP（distributed peripherals, or remote I/O）表

示总线或远程模块报警；DC（power supply）表示 CPU 有直流 24V 供给；RUN 表示系统在运行状态；STOP 表示系统在停止状态。

3. 对变量进行监控

用菜单命令 Insert＞input variable 监控输入变量，Insert＞output variable 监控输出变量，Insert＞memory variable 监控内部变量，Insert＞timer variable 监控定时器变量，Insert＞counter variable 监控计数器变量。图 2 - 6 - 2 表示上述变量表。这些变量可以用二进制、十进制、十六进制来访问，但是必须注意输出变量 QB 一般不强制修改。

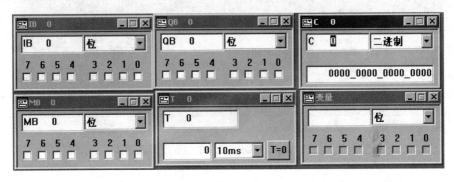

图 2 - 6 - 2　所有变量

4. 对程序进行调试

设置/删除断点——利用"设置/删除断点"可以确定程序执行到何处停止。断点处的指令不执行。断点激活，利用"断点激活"可以激活所有的断点；不仅包括已经设置的，也包括那些要设置的。利用"下一条指令"，可以单步执行程序。如果遇到块调用，用"下一条指令"就跳到块后的第一条指令。

2.6.2　S7 - PLCSIM 软件的实现方法及模拟程序

本例通过具体例子来说明 S7 - PLCSIM 软件的仿真功能。以电动机单向启停控制为例子。按下启动按钮 I124.0、Q124.0 接通启动电机，并保持不变；按下启动按钮 I124.1，电机停止运行。使用 S7 - PLCSIM 软件调试程序的步骤如下。

（1）首先用 STEP 7 软件对系统进行硬件组态，然后再用 STEP 7 软件编程，其 OB1 程序见图 2 - 6 - 3。

（2）硬件和程序下载到仿真器。打开仿真器的方法是在项目管理窗口的工具栏右边，见图 2 - 6 - 4，点击的仿真器按钮，弹出仿真器窗口。

在图 2 - 6 - 4 中的仿真器窗口 CPU 选择 STOP，才能将硬件和程序下载到仿真器。在项目管理窗口左边项目树选中站点名称"SIMATIC 300（1）"，然后单击工具栏的下载按钮，将整个 300 站下载到仿真器中。

提示：下载到仿真器要注意三点：①打开仿真器；②仿真器 CPU 在 STOP 状态；③下载前还需要在硬件组态窗口将 CPU 的通信接口改为"－－－未连网－－－"，并重新保存编译。

（3）在仿真器调试程序。

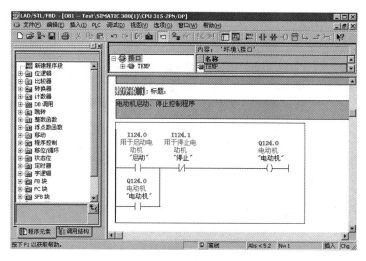

图 2 - 6 - 3　电动机启动、停止程序

图 2 - 6 - 4　项目管理窗口及仿真器

　　在仿真器用菜单命令 Insert＞input variable 监控输入变量；Insert＞output variable 监控输出变量，弹出两个小窗口，分别将 I 和 Q 的地址改写为 I124 和 Q124，小窗口各有 8 个选择框，分别对应于 I124.0～I124.7 和 Q124.0～Q124.7，见图 2 - 6 - 5。

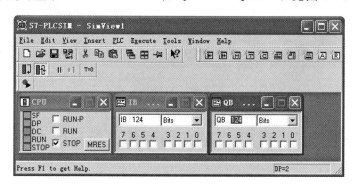

图 2 - 6 - 5　仿真器

把仿真器 CPU 设为 RUN，然后 I124.0 置位 1，接着 I124.0 置位 0（模仿按钮按下和弹起的动作），此时 Q124.0 显示为置位 1 状态，即电机启动，见图 2-6-6。

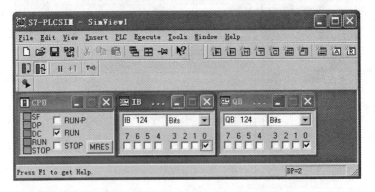

图 2-6-6 运行状态的仿真器

提示： IB124 为一个字节，它有 8 个位即 0-7 位，I124.0 为其中的 0 位，故操作 I124.0 置位 1 或置 0，应单击 IB124 小对话框中右下角的复选框；同理，QB124 为一个字节，它有 8 个位即 0-7 位，Q124.0 为其中的 0 位，故操作 Q124.0 置位 1 或置 0，应单击 QB124 小对话框中右下角的复选框。

打开 OB1 块程序，查看程序运行状况。点击监控按钮 ⑥⑥，激活监视状态，此时，梯形图反映当前的运行状况，有效的元件和接通的回路显示为绿色实线，无效状态的元件和回路显示蓝色虚线，见图 2-6-7。

如果要停机，在将 I124.1 置位 1，接着 I124.1 置位 0，Q124.0 停止输出。

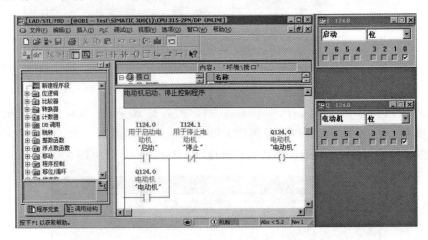

图 2-6-7 激活的 OB1 监视状态

任务 2.7 STEP 7 软件的硬件更新与版本升级

◆**知识目标**

认知 STEP 7 软件硬件更新和软件升级的方法。

◆能力目标

能操作升级 STEP 7 软件和硬件。

◆相关知识

　　PLC 的硬件总是在不断发展，每一个 STEP 7 新版本都会支持更多、更新的硬件，但是用户安装的软件往往不能随时更新为最新版，因此，STEP 7 提供了在线硬件更新功能，但是只有 STEP 7 V5.2 以上的版本才支持该功能。

　　目前，STEP 7 的最新版本为 V5.5，如果用户使用的是 STEP 7 V5.2 等较早的版本，无法组态最新订货号（或固件版本）的硬件模块时，可以通过以下方法更新 STEP 7 硬件目录中的模块信息：

　　（1）打开 STEP 7 的硬件组态窗口。

　　（2）单击菜单"选项"→"安装 HW 更新"菜单项开始硬件更新，如图 2－7－1 所示，第一次使用时会提示设置 Internet 下载网址和更新文件保存目录，如图 2－7－2 所示。

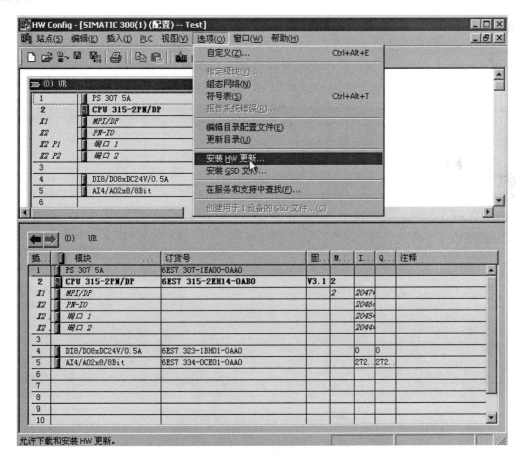

图 2－7－1　HW 更新

　　（3）设置完毕后，弹出安装硬件升级窗口，选择从 Internet 下载，如果电脑已经连接

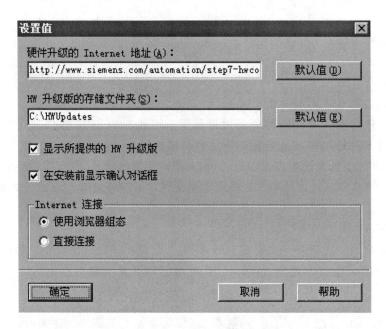

图 2－7－2　更新文件保存目录

到了 Internet 上，单击"执行"按钮就可以从网上下载最新的硬件列表，如图 2－7－3 所示。

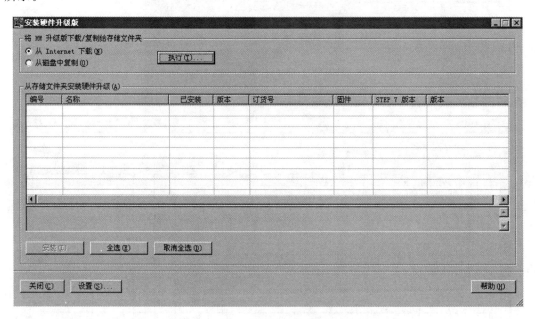

图 2－7－3　下载最新的硬件列表

（4）在弹出的下载硬件升级窗口中选择需要的硬件，单击"下载"按钮进行下载，如图 2－7－4 所示。

（5）下载完成后会继续提示用户安装下载的硬件信息。在"Installed"一栏如果显示

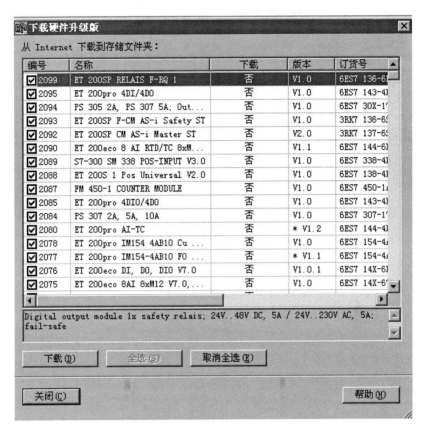

图 2-7-4 选择需要下载的硬件

"no"，则表示该硬件尚未安装；如果显示"Supplied"，则表示当前的 STEP 7 中已经包含了该硬件，无需再更新。选中需要更新的硬件，单击"安装"按钮，按照提示即可完成更新。

练 习 题

1. 填空

(1) 数字量输入模块某一外部输入电路接通时，对应的过程映像输入位为（　　）状态，梯形图中对应的常开触点（　　），常闭触点（　　）。

(2) 若梯形图中某一过程映像输出位 Q 的线圈"断电"，对应的过程映像输出位为（　　）状态，在写入输出模块阶段之后，继电器型输出模块对应的硬件继电器的线圈（　　），其常开触点（　　），外部负载（　　）。

(3) S7-300 的电源模块在中央机架最左边的（　　）号槽，CPU 模块在（　　）号槽，接口模块在（　　）号槽。每个机架最多可安装（　　）个信号模块、功能模块或通信处理器模块。

(4) S7-300 中央机架的 3 号槽 AI4/AO2 模块的模拟量输入字默认的地址为（　　），模拟量输出字地址为（　　）。4 号槽的 DI8/DO8 的数字量模块默认的 I 和 Q 字节地址分别为（　　）和（　　）。5号槽的16点数字量输入模块的默认字节地址为（　　）。

（5）模拟量输入、输出的电压为（　　）V，电流（　　）mA。

2. PI/PQ 与 I/Q 有什么区别？位逻辑指令可以使用 PI/PQ 存储区的地址吗？

3. 硬件组态的任务是什么？

4. 信号模块是哪些模块的总称？

5. STEP 7 可以使用哪几种编程语言？

6. 怎样打开和关闭梯形图和语句表中的符号显示和符号信息？

7. 怎样关闭程序中的注释？怎样才能在打开块时不显示注释？

8. 怎样在 PLCSIM 中模拟按钮信号的操作？

项目 3 S7 - 300PLC 的基本编程指令

任务 3.1 位逻辑指令及其应用

◆知识目标

认知 S7 - 300PLC 位逻辑指令的使用方法。

◆能力目标

能应用 S7 - 300PLC 位逻辑指令编写程序。

◆相关知识

位逻辑指令处理的对象是二进制数字"1"和"0",可以用它们来表示数字量的两种状态。对于梯形图中的线圈而言,为 1 状态时表示线圈"通电",其对应的常开触点闭合,常闭触点断开;为 0 状态时表示线圈"失电",其对应的触点状态相反。逻辑运算结果存储在状态字中的 RLO 中。

在 LAD(梯形图)程序中,触点和线圈是构成梯形图的最基本元素,触点是线圈的工作条件,线圈的动作是触点运算的结果。操作数则标注在触点和线圈符号的上方。

3.1.1 常开触点

常开触点指令和参数见表 3 - 1 - 1。

表 3 - 1 - 1 常开触点指令和参数

LAD	参数	数据类型	存储区
位地址 —┤ ├—	〈地址〉	BOOL	I、Q、M、T、C、D、L

PLC 在运行过程中,检查指定〈地址〉位的状态,状态为 1 时,常开触点动作,触点导通;状态为 0 时,常开触点不动作,处于断开状态。

3.1.2 常闭触点

常闭触点指令和参数见表 3 - 1 - 2。

表 3 - 1 - 2 常闭触点指令和参数

LAD	参数	数据类型	存储区
位地址 —┤/├—	〈地址〉	BOOL	I、Q、M、T、C、D、L

PLC 在运行过程中，检查指定〈地址〉位的状态，状态为 1 时，常闭触点断开，能流不能通过；状态为 0 时，常闭触点处于闭合状态，能流流过触点。

3.1.3　输出线圈

输出线圈指令和参数见表 3 - 1 - 3。

输出线圈指令就是将 PLC 逻辑运算的结果输出到指定地址区域的指令。只能将输出线圈放在梯形图的最右端。

表 3 - 1 - 3　　　　　　　　　　　　输出线圈指令和参数

LAD	参数	数据类型	存储区
位地址 —( ) —	〈地址〉	BOOL	I、Q、M、D、L

3.1.4　中间输出

中间输出指令和参数见表 3 - 1 - 4。

表 3 - 1 - 4　　　　　　　　　　　　中间输出指令和参数

LAD	参数	数据类型	存储区
位地址 —(#) —	〈地址〉	BOOL	I、Q、M、D、L

中间输出指令是中间赋值单元，不能直接接在左侧母线上，也不能放在最右端电路结尾处，只能放在梯形图的中间。中间输出指令可以将其左边逻辑运算的结果保存到指定地址，并且不影响能流的流动。

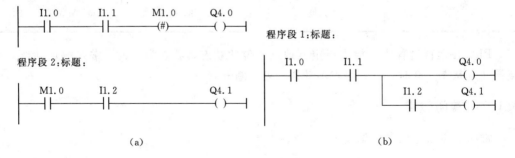

图 3 - 1 - 1　中间输出指令的应用

图 3 - 1 - 1（a）中输入位 I1.0 和 I1.1 进行逻辑与运算的结果存在 M1.0 位存储器中，当 I1.0 和 I1.1 同时动作时，输出位 Q4.0 动作；如果 I1.2 也动作，则输出位 Q4.1 动作。图 3 - 1 - 1（a）的梯形图与图 3 - 1 - 1（b）等效。

3.1.5　信号流取反指令

信号流取反指令和参数见表 3 - 1 - 5。

表 3 - 1 - 5　　　　　　　　　信号流取反指令和参数

LAD	参数	数据类型	存储区	说明
—┤NOT├—	无	无	无	无

信号流取反指令的作用就是对它左边逻辑电路的 RLO 值进行取反。如图 3 - 1 - 2 中实例，当输入位 I0.0 和 I0.1 与逻辑运算的结果为 1 时，Q4.0 的状态为 0；否则 Q4.0 的状态为 1。

程序段 1:标题:

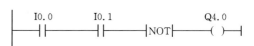

图 3 - 1 - 2　信号流取反指令的应用

任务 3.2　置位/复位指令及应用

◆**知识目标**

认知 S7 - 300PLC 置位/复位指令的使用方法。

◆**能力目标**

能应用 S7 - 300PLC 置位/复位指令编写程序。

◆**相关知识**

3.2.1　置位指令

置位指令和参数见表 3 - 2 - 1。

表 3 - 2 - 1　　　　　　　　　置 位 指 令 和 参 数

LAD	参数	数据类型	存储区
位地址 ——(S)——	〈地址〉	BOOL	I、Q、M、D、L

置位指令是在能流流过线圈时执行，把指定的地址置位为 1。

3.2.2　复位指令

复位指令和参数见表 3 - 2 - 2。

表 3 - 2 - 2　　　　　　　　　复 位 指 令 和 参 数

LAD	参数	数据类型	存储区
位地址 ——(R)——	〈地址〉	BOOL	I、Q、M、D、L

复位指令是在能流流过线圈时执行，把指定的地址复位为 0。复位线圈不仅可以将存储器复位，还可以停止正在运行的定时器或者清零计数器。

置位/复位指令的应用如图 3 - 2 - 1 所示。

程序段 1:标题:

```
    I0.0                          Q4.0
----| |------------------------( S )----
```

程序段 2:标题:

```
    I0.1                          Q4.0
----| |------------------------( R )----
```

图 3 - 2 - 1　置位/复位指令的应用

◆**应用举例**

【例】　电动机正反转的 PLC 控制。

I/O 分配情况见表 3 - 2 - 3。

表 3 - 2 - 3　　　　　　　　　　I/O 分 配 表

输　　　入		输　　　出	
I0.0	停止按钮 SB1	Q4.0	正转控制接触器 KM1
I0.1	正转启动按钮 SB2	Q4.1	反转控制接触器 KM2
I0.2	反转启动按钮 SB3		
I0.3	热继电器动合触点 FR		

PLC 正反转控制程序如图 3 - 2 - 2 所示。

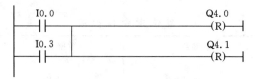

图 3 - 2 - 2　PLC 正反转控制程序

任务 3.3   定时器指令及其应用

◆**知识目标**

认知 S7 - 300PLC 定时器指令的类型，能根据时序图认知定时器指令的特点。

◆**能力目标**

能恰当选用 S7 - 300PLC 定时器指令编写程序。

◆**相关知识**

定时器是 PLC 中的重要基本指令，S7 - 300/400 PLC 有 5 种定时器，见表 3 - 3 - 1。每个定时器在存储区都有一个 16 位存储单元和一个二进制存储位，用来存储定时器的当前值、基时和定时器位的状态（即通断状态）。定时器的基时存放在 16 位存储单元的第 12 位和第 13 位，二进制 00、01、10、11 对应的时间基准分别为 10ms、100ms、1s 和 10s。S7 - 300PLC 的定时器个数（128~2048）与 CPU 的型号有关，S7 - 400 有 2048 个定时器。

在梯形图中使用"S5T♯aHbMcSdMS"格式表示定时时间值，其中 a、b、c、d 分别表示小时、分、秒、毫秒的值，例如，定时 1 小时 8 分钟写为"S5T♯1H8M"，定时 10 秒写为"S5T♯10S"。定时器的最大时间值为 9990s。

表 3 - 3 - 1   **S7 - 300PLC 定时器一览表**

序号	定时器名称	方框形式符号	线圈形式符号
1	脉冲 S5 定时器	S _ PULSE	SP
2	扩展脉冲 S5 定时器	S _ PEXT	SE
3	接通延时 S5 定时器	S _ ODT	SD
4	保持接通延时 S5 定时器	S _ ODTS	SS
5	断开延时 S5 定时器	S _ OFFDT	SF

3.3.1   脉冲 S5 定时器（S _ PULSE）

S _ PULSE（脉冲 S5 定时器）指令有两种形式：块图指令和线圈指令。脉冲定时器的块图指令见表 3 - 3 - 2。

表 3 - 3 - 2   **脉冲定时器的块图指令和参数**

LAD	参数	数据类型	存储区	说　明
定时器编号 S_PULSE S　Q 时间值—TV　BI—… 复位信号—R　BCD—…	定时器编号	TIMER	T	要启动的定时器编号
	S	BOOL		启动输入端
	TV	S5TIME		定时时间
	R	BOOL	I, Q, M, D, L	复位信号输入端
	Q	BOOL		定时器输出
	BI	WORD		当前剩余时间显示（整数格式）
	BCD	WORD		当前剩余时间显示（BCD 码格式）

脉冲定时器的线圈指令见表 3-3-3。

表 3-3-3　　　　　　　　　　　脉冲定时器的线圈指令和参数

LAD	参数	数据类型	存储区	说明
定时器编号 —（ SP ）— 定时时间	定时器编号	TIMER	T	要启动的定时器编号
	定时时间	S5TIME	I，Q，M，D，L	定时时间值（S5TIME 格式）

提示：脉冲 S5 定时器的特点是启动端置 1，定时器立刻有输出，计时时间到则结束输出，如果计时过程中启动则输入端变 0，定时器结束输出。

如图 3-3-1 所示程序，定时器编号为 T5，定时时间为 5s。按下 I0.0，从输入信号 I0.0 的上升沿开始，定时器启动计时，T5 常开触点闭合，Q4.0 状态为 1；定时时间 5s 到时，T5 常开触点断开，Q4.0 状态复位为 0。时序图见图 3-3-2。需要注意的是，如果输入脉冲的宽度小于定时时间值，定时器输出脉冲的宽度等于输入脉冲的宽度。无论何时，只要 R 端信号出现上升沿，定时器立即复位，常开触点断开，Q 输出状态为"0"。

程序段 1:标题:

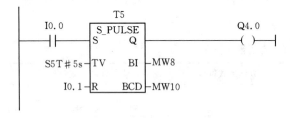

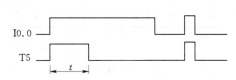

图 3-3-1　脉冲 S5 定时器指令的应用　　　　图 3-3-2　脉冲 S5 定时器的时序图

3.3.2　扩展脉冲 S5 定时器（S_PEXT）

扩展脉冲 S5 定时器（S_PEXT）指令有两种形式：块图指令和线圈指令。扩展脉冲 S5 定时器的块图指令见表 3-3-4。

表 3-3-4　　　　　　　　　扩展脉冲 S5 定时器的块图指令和参数

LAD	参数	数据类型	存储区	说明
定时器编号 S_PEXT S　　Q 时间值—TV　BI—… 复位信号—R　BCD—…	定时器编号	TIMER	T	要启动的定时器编号
	S	BOOL		启动输入端
	TV	S5TIME		定时时间
	R	BOOL	I，Q，M，D，L	复位信号输入端
	Q	BOOL		定时器输出
	BI	WORD		当前剩余时间显示（整数格式）
	BCD	WORD		当前剩余时间显示（BCD 码格式）

扩展脉冲 S5 定时器的线圈指令见表 3-3-5。

表 3 - 3 - 5　　　　　　　　　　**扩展脉冲 S5 定时器的线圈指令和参数**

LAD	参数	数据类型	存储区	说明
定时器编号 ——（SE）——| 定时时间	定时器编号	TIMER	T	要启动的定时器编号
	定时时间	S5TIME	I，Q，M，D，L	定时时间值（S5TIME 格式）

提示：扩展脉冲 S5 定时器的特点是启动端置 1，定时器立刻有输出，计时时间到则结束输出，计时过程不要求启动输入端保持为 1。

如图 3 - 3 - 3 所示程序，定时器编号为 T4，定时时间为 10s。按下 I0.1，从输入信号 I0.1 的上升沿开始，定时器启动计时，其常开触点闭合，Q4.0 状态为 1；定时时间 10s 到时，T4 常开触点断开，Q4.0 状态复位为 0。时序图见图 3 - 3 - 4。与脉冲 S5 定时器不同的是，如果输入脉冲的宽度小于定时时间值，定时器仍然继续运行，直到定时时间结束。无论何时，只要 R 端信号出现上升沿，定时器立即复位，常开触点断开，Q 输出状态为"0"。

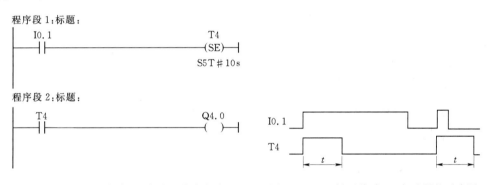

图 3 - 3 - 3　扩展脉冲 S5 定时器指令的应用　　图 3 - 3 - 4　扩展脉冲 S5 定时器的时序图

3.3.3　接通延时 S5 定时器（S_ODT）

接通延时 S5 定时器（S_ODT）指令有两种形式：块图指令和线圈指令。接通延时 S5 定时器的块图指令见表 3 - 3 - 6。

表 3 - 3 - 6　　　　　　　　　　**接通延时 S5 定时器的块图指令和参数**

LAD	参数	数据类型	存储区	说明
	定时器编号	TIMER	T	要启动的定时器编号
定时器编号	S	BOOL		启动输入端
S_ODT	TV	S5TIME		定时时间
S　　Q	R	BOOL	I，Q，M，D，L	复位信号输入端
定时时间—TV　BI—…	Q	BOOL		定时器输出
复位信号—R　BCD—…	BI	WORD		当前剩余时间显示（整数格式）
	BCD	WORD		当前剩余时间显示（BCD 码格式）

接通延时 S5 定时器的线圈指令见表 3-3-7。

表 3-3-7   接通延时 S5 定时器的线圈指令和参数

LAD	参数	数据类型	存储区	说明
定时器编号 ——（SD）—— 定时时间	定时器编号	TIMER	T	要启动的定时器编号
	定时时间	S5TIME	I, Q, M, D, L	定时时间值（S5TIME 格式）

提示：接通延时 S5 定时器的主要特点是启动计时，到定时时间，定时器才有输出，要求启动定时过程，启动信号一直要保持 1。

如图 3-3-5 所示程序，定时器编号为 T3，定时时间为 15s。按下 I0.2，从 S 端输入信号 I0.2 的上升沿开始，定时器启动计时，定时时间 15s 到，T3 常开触点闭合，Q4.0 状态为 1；当 S 端输入信号出现下降沿，T3 常开触点断开，Q4.0 状态为 0。时序图见图 3-3-6。如果定时器启动后，在定时结束之前 S 端输入信号出现下降沿，则定时器停止运行并复位，Q 输出状态为 "0"。无论何时，只要 R 端信号出现上升沿，定时器立即复位，常开触点断开，Q 输出状态为 "0"。

程序段 1：标题：

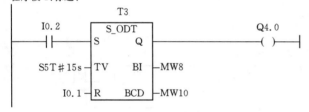

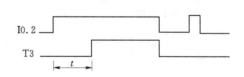

图 3-3-5 接通延时 S5 定时器指令的应用   图 3-3-6 接通延时 S5 定时器的时序图

3.3.4 保持型接通延时 S5 定时器（S_ODTS）

保持型接通延时 S5 定时器（S_ODTS）指令有两种形式：块图指令和线圈指令。保持型接通延时 S5 定时器的块图指令见表 3-3-8。

保持型接通延时 S5 定时器的线圈指令见表 3-3-9。

表 3-3-8   保持型接通延时 S5 定时器的块图指令和参数

LAD	参数	数据类型	存储区	说明
定时器编号 S_ODTS S Q 定时时间—TV BI—… 复位信号—R BCD—…	定时器编号	TIMER	T	要启动的定时器编号
	S	BOOL		启动输入端
	TV	S5TIME		定时时间
	R	BOOL	I, Q, M, D, L	复位信号输入端
	Q	BOOL		定时器输出
	BI	WORD		当前剩余时间显示（整数格式）
	BCD	WORD		当前剩余时间显示（BCD 码格式）

表 3-3-9　　　　　　　　　保持型接通延时 S5 定时器的线圈指令和参数

LAD	参数	数据类型	存储区	说明
定时器编号 ——(SS)——| 定时时间	定时器编号	TIMER	T	要启动的定时器编号
	定时时间	S5TIME	I, Q, M, D, L	定时时间值（S5TIME 格式）

提示：保持型接通延时 S5 定时器的主要特点是启动计时，到定时时间，定时器才有输出，但启动定时过程，启动信号不要求保持 1，因此结束定时器输出要用复位端置 1 才复位。

　　如图 3-3-7 所示程序，定时器编号为 T4，定时时间为 10s。按下 I0.3，从 S 端输入信号 I0.3 的上升沿开始，定时器启动计时，定时时间 10s 到，T4 常开触点闭合，Q0.5 状态为 1；当 S 端输入信号出现下降沿，定时器仍然继续运行，Q0.5 状态仍为 1。无论何时，只要 R 端信号出现上升沿，定时器立即复位，常开触点断开，Q 输出状态为"0"。保持型接通延时 S5 定时器的波形图见图 3-3-8。

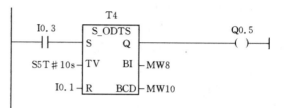

图 3-3-7　保持型接通延时 S5 定时器的应用

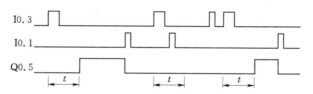

图 3-3-8　保持型接通延时 S5 定时器的波形图

3.3.5　断电延时 S5 定时器（S_OFFDT）

　　断电延时 S5 定时器（S_OFFDT）指令有两种形式：块图指令和线圈指令。断电延时 S5 定时器的块图指令见表 3-3-10。

表 3-3-10　　　　　　　　　断电延时 S5 定时器的块图指令和参数

LAD	参数	数据类型	存储区	说明
定时器编号 S_OFFDT S　　Q 定时时间—TV　BI—… 复位信号—R　BCD—…	定时器编号	TIMER	T	要启动的定时器编号
	S	BOOL		启动输入端
	TV	S5TIME		定时时间
	R	BOOL	I, Q, M, D, L	复位信号输入端
	Q	BOOL		定时器输出
	BI	WORD		当前剩余时间显示（整数格式）
	BCD	WORD		当前剩余时间显示（BCD 码格式）

断电延时 S5 定时器的线圈指令见表 3-3-11。

表 3-3-11　　　　　　　　　　断电延时 S5 定时器的线圈指令和参数

LAD	参数	数据类型	存储区	说明
定时器编号 —(SF)— 定时时间	定时器编号	TIMER	T	要启动的定时器编号
	定时时间	S5TIME	I, Q, M, D, L	定时时间值（S5TIME 格式）

提示： 断电延时 S5 定时器的特点是启动输入端置 1，定时器立刻有输出，但要启动输入端置 0 时才开始计时，计时时间到定时器停止输出。

如图 3-3-9 所示程序，定时器编号为 T6，定时时间为 7s。按下 I0.4，从 S 端输入信号 I0.4 的上升沿开始，定时器启动 T6 常开触点闭合，Q0.5 状态为 1，但未计时。当 I0.4 的下降沿开始，定时器开始计时，定时时间 7s 到，T6 常开触点断开，Q0.5 状态为 0；无论何时，只要 R 端信号出现上升沿，定时器立即复位，常开触点断开，Q 输出状态为"0"。断电延时 S5 定时器的波形图如图 3-3-10。

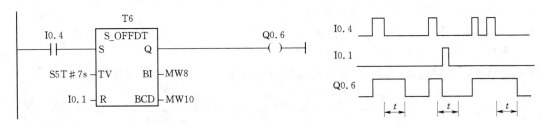

图 3-3-9　断电延时 S5 定时器的应用　　　　　图 3-3-10　断电延时 S5 定时器的波形图

◆**应用举例**

【**例 1**】 产生一个占空比可调的任意周期的脉冲信号。脉冲信号的低电平持续时间为 2s，高电平持续时间为 3s 的程序如图 3-3-11 所示，其中 I0.0 为启动按钮。

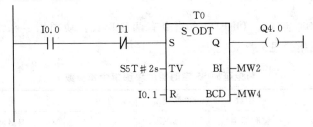

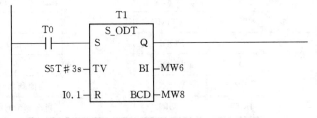

图 3-3-11　占空比可调脉冲信号控制程序

【**例 2**】　如图 3 - 3 - 12 所示两条运输带顺序相连，控制要求如下：按下启动按钮 S1 时，运输带电动机 Motor_2 开始启动，6s 后运输带电动机 Motor_1 自动启动；如果按下停止按钮 S2，则 Motor_1 立即停机，延时 6s 后，Motor_2 自动停机。

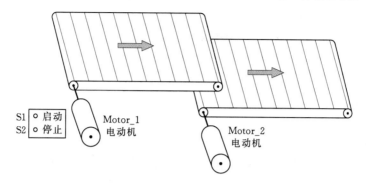

图 3 - 3 - 12　传送带控制

I/O 分配情况见表 3 - 3 - 12。

表 3 - 3 - 12　　　　　　　　　　　I/O 分 配 表

输 入		输 出	
I0.0	启动按钮 S1	Q4.1	运输带电动机 Motor_1 控制
I0.1	停止按钮 S2	Q4.0	运输带电动机 Motor_2 控制

控制程序如图 3 - 3 - 13 所示。

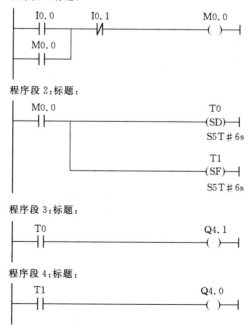

图 3 - 3 - 13　例 2 控制程序

任务3.4 计数器指令及其应用

◆知识目标

认知 S7-300PLC 计数器指令的类型和功能。

◆能力目标

能应用 S7-300PLC 计数器器指令编写程序。

◆相关知识

S7-300 的 CPU 中有专门的计数器存储区。每个计数器有一个 16 位的字和一个二进制的位，计数器的字用来存放它的当前值，计数器触点的状态由它的位的状态来决定。不同的 CPU 型号，用于计数器的存储区域也不同，最多允许使用 64~512 个计数器。在使用计数器时，计数器的地址编号（C0~C511）必须在有效范围内。计数器指令包括计数器线圈指令和计数器方框指令，可以根据需要选择使用。

3.4.1 S＿CU（加计数器）

加计数器的 LAD 指令见表 3-4-1。

表 3-4-1　　　　　　　　　　　加计数器的 **LAD** 指令和参数

LAD	参数	数据类型	存储区	说明
计数器编号	计数器编号	COUNTER	C	要启动的计数器编号
S_CU	CU	BOOL		加计数输入端
CU　Q	S	BOOL		预置信号输入端
S　CV	PV	WORD		计数初值输入端
PV CV_BCD	R	BOOL	I，Q，M，D，L	复位信号输入端
R	Q	BOOL		定时器输出
	CV	WORD		计数器当前值（整数格式）
	CV＿BCD	WORD		计数器当前值（BCD 码格式）

3.4.2 S＿CD（减计数器）

减计数器的 LAD 指令见表 3-4-2。

表 3-4-2　　　　　　　　　　　减计数器的 **LAD** 指令和参数

LAD	参数	数据类型	存储区	说明
计数器编号	计数器编号	COUNTER	C	要启动的计数器编号
S_CD	CD	BOOL		减计数输入端
CD　Q	S	BOOL		预置信号输入端
S　CV	PV	WORD		计数初值输入端
PV CV_BCD	R	BOOL	I，Q，M，D，L	复位信号输入端
R	Q	BOOL		定时器输出
	CV	WORD		计数器当前值（整数格式）
	CV＿BCD	WORD		计数器当前值（BCD 码格式）

3.4.3　S_CUD（加/减计数器）

加/减计数器的 LAD 指令见表 3 - 4 - 3。

表 3 - 4 - 3　加/减计数器的 LAD 指令和参数

LAD	参数	数据类型	存储区	说明
计数器编号 S_CUD CU　Q CD　CV S　CV_BCD PV R	计数器编号	COUNTER	C	要启动的计数器编号
	CU	BOOL		加计数输入端
	CD	BOOL		减计数输入端
	S	BOOL		预置信号输入端
	PV	WORD		计数初值输入端
	R	BOOL	I，Q，M，D，L	复位信号输入端
	Q	BOOL		定时器输出
	CV	WORD		计数器当前值（整数格式）
	CV_BCD	WORD		计数器当前值（BCD 码格式）

3.4.4　计数器的线圈指令

计数器置初值线圈指令和参数见表 3 - 4 - 4。

表 3 - 4 - 4　计数器置初值线圈指令和参数

LAD	参数	数据类型	存储区	说明
计数器编号 —(SC)— 预置值	计数器编号	COUNTER	C	要启动的计数器编号
	预置值	WORD	I，Q，M，D，L	预置值

加计数器线圈指令和参数见表 3 - 4 - 5。

表 3 - 4 - 5　加计数器线圈指令和参数

LAD	参数	数据类型	存储区	说明
计数器编号 —(CU)—	计数器编号	COUNTER	C	要启动的加计数器编号

减计数器线圈指令和参数见表 3 - 4 - 6。

表 3 - 4 - 6　减计数器线圈指令和参数

LAD	参数	数据类型	存储区	说明
计数器编号 —(CD)—	计数器编号	COUNTER	C	要启动的减计数器编号

图 3 - 4 - 1 是加计数器线圈指令的应用。当 I0.0 的状态由 "0" 变 "1" 时, (SC) 指令将数值 10 装入计数器 C1 中; 当 I0.1 的状态由 "0" 变 "1" 时, 计数器 C1 的值加 1; 当 I0.1 的状态由 "0" 变 "1" 时, 计数器被复位, 计数器位和计数值被清零; 只要计数器 C1 的当前值不为 0, 计数器 C1 的状态就为 "1", 输出位 Q4.0 的状态为 "1"。

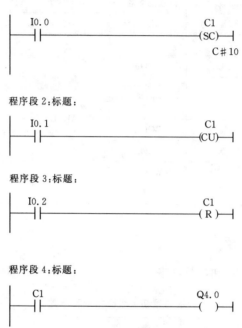

图 3 - 4 - 1　加计数器线圈指令的应用

任务 3.5　边沿触发指令及应用

◆知识目标

认知 S7 - 300PLC 边沿触发指令的使用方法。

◆能力目标

能恰当选用 S7 - 300PLC 边沿触发指令编写程序。

◆相关知识

当信号状态变化时就产生跳变沿: 从 0 变到 1 时, 产生一个上升沿 (也称正跳沿); 从 1 变到 0 时, 产生一个下降沿 (也称负跳变)。STEP 7 有两种边沿检测指令: 一种是对 RLO 的跳变沿检测的指令; 另一种是对触点的跳变沿直接检测的指令。

3.5.1　RLO 边沿检测指令

RLO 上升沿检测指令和参数见表 3 - 5 - 1。

表 3 - 5 - 1 　　　　　　　　　　　**RLO 上升沿检测指令和参数**

LAD	参数	数据类型	存储区	说　　明
位存储器 —（ P ）—	位存储器	BOOL	Q，M，D	指定位的存储器用来保存前一个周期的 RLO 信号状态，以便进行比较

RLO 下降沿检测指令和参数见表 3 - 5 - 2。

表 3 - 5 - 2 　　　　　　　　　　　**RLO 下降沿检测指令和参数**

LAD	参数	数据类型	存储区	说　　明
位存储器 —（ N ）—	位存储器	BOOL	Q，M，D	指定位的存储器用来保存前一个周期的 RLO 信号状态，以便进行比较

　　图 3 - 5 - 1 是 RLO 边沿检测指令的应用。当 I0.0 的状态由 "0" 变为 "1" 时，上升沿检测指令检测到一次正跳变，能流流过检测元件，Q4.0 仅在这一个扫描周期内接通；当 I0.1 的状态由 "1" 变为 "0" 时，下降沿检测指令检测到一次负跳变，能流流过检测元件，Q4.1 仅在这一个扫描周期内接通。

程序段 1:标题:

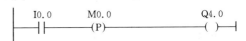

程序段 2:标题:

图 3 - 5 - 1　RLO 边沿检测指令的应用

3.5.2　触点信号边沿检测的指令

触点信号上升沿检测指令和参数见表 3 - 5 - 3。

表 3 - 5 - 3 　　　　　　　　　　　**触点信号上升沿检测指令和参数**

LAD	参数	数据类型	存储区	说　　明
位地址 1 PSO Q 位地址 2—M_BIT	位地址 1	BOOL	I，Q，M，D、L	位地址 1 被检测的触点信号
	位地址 2	BOOL	I，Q，M、D、L	位地址 2 用来存储触点信号前一周期信号
	Q	BOOL	I，Q、M、D、L	检测结果输出

触点信号下降沿检测指令和参数见表 3 - 5 - 4。

表 3 - 5 - 4 　　　　　　　　　　　**触点信号下降沿检测指令和参数**

LAD	参数	数据类型	存储区	说　　明
位地址 1 NEG Q 位地址 2—M_BIT	位地址 1	BOOL	I，Q，M、D、L	位地址 1 被检测的触点信号
	位地址 2	BOOL	I，Q，M、D、L	位地址 2 用来存储触点信号前一周期信号
	Q	BOOL	I，Q、M、D、L	检测结果输出

程序段 1：标题：

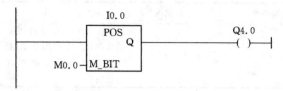

程序段 2：标题：

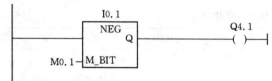

图 3 - 5 - 2　触点信号边沿检测指令的应用

图 3 - 5 - 2 是触点信号边沿检测指令的应用。POS 是单个触点信号的上升沿检测指令，相当于一个常开触点，信号 I0.0 由 "0" 状态变为 "1"，POS 指令等效的常开触点闭合，Q 端输出一个扫描周期为 "1" 的信号；M0.0 用来存储上一个扫描周期时 I0.0 的状态。NEG 是单个触点信号的下降沿检测指令，相当于一个常开触点，信号 I0.1 由 "1" 状态变为 "0"，NEG 指令等效的常开触点闭合，Q 端输出一个扫描周期为 "1" 的信号；M0.1 用来存储上一个扫描周期时 I0.1 的状态。

任务 3.6　传送、比较、数据转换指令及应用

◆**知识目标**

认知 S7 - 300PLC 传送、比较、数据转换指令的使用方法。

◆**能力目标**

能应用 S7 - 300PLC 传送、比较、数据转换指令编写程序。

◆**相关知识**

3.6.1　数据装载和传送指令（MOVE）

数据装载和传送指令和参数见表 3 - 6 - 1。

表 3 - 6 - 1　　　　　　　　　数据装载和传送指令和参数

LAD	参数	数据类型	存储区	说明
	EN	BOOL		使能输入
	ENO	BOOL	I，Q，M，D，L	使能输出
	IN	长度为 8 位、16 位、32 位的所有数据类型		为传送数据输入端
	OUT			为数据接收端

图 3 - 6 - 1 是数据装载和传送指令的应用。

3.6.2　比较指令

比较指令用于进行整数、长整数或 32 位浮点数（实数）的相等、不等于、大于、小于、大于或等于等比较。比较指令的类型有以下几种：等于（EQ）、

程序段 1：标题：

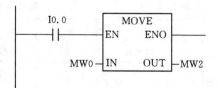

图 3 - 6 - 1　数据装载和传送指令的应用

不等于（NQ）、大于（GT）、小于（LT）、大于或等于（GE）、小于或等于（LE）。

下面以几个整数比较指令为例介绍比较指令的特点和使用方法。

整数相等比较指令和参数见表 3-6-2。

表 3-6-2　　　　　　　　　　　整数相等比较指令和参数

LAD	参数	数据类型	存储区	说明
CMP==1 比较数 1—IN1 比较数 2—IN2	IN1	INT	I，Q，M，D，L	进行比较的第一个数
	IN2	INT		进行比较的第二个数

整数不等于比较指令和参数见表 3-6-3。

表 3-6-3　　　　　　　　　　　整数不等于比较指令和参数

LAD	参数	数据类型	存储区	说明
CMP<>1 比较数 1—IN1 比较数 2—IN2	IN1	INT	I，Q，M，D，L	进行比较的第一个数
	IN2	INT		进行比较的第二个数

整数大于比较指令和参数见表 3-6-4。

表 3-6-4　　　　　　　　　　　整数大于比较指令和参数

LAD	参数	数据类型	存储区	说明
CMP>1 比较数 1—IN1 比较数 2—IN2	IN1	INT	I，Q，M，D，L	进行比较的第一个数
	IN2	INT		进行比较的第二个数

整数大于等于比较指令和参数见表 3-6-5。

表 3-6-5　　　　　　　　　　　整数大于等于比较指令和参数

LAD	参数	数据类型	存储区	说明
CMP>=1 比较数 1—IN1 比较数 2—IN2	IN1	INT	I，Q，M，D，L	进行比较的第一个数
	IN2	INT		进行比较的第二个数

图 3-6-2 和图 3-6-3 是整数比较指令的应用。当 MW0 中的数据大于等于 MW2 中的数据时，线圈 Q4.0 得电；当 MW20 中的数据等于 10 时，线圈 Q4.0 得电。

程序段 1:标题:　　　　　　　　　　　　　　　程序段 2:标题:

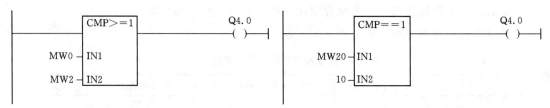

图 3-6-2　整数比较指令的应用（一）　　　图 3-6-3　整数比较指令的应用（二）

3.6.3　数据转换指令

数据转换指令是将一种格式的数据转换为另一种格式的数据。数据转换指令的类型有以下几种：BCD 码与整数、整数与长整数、长整数与实数、整数的反码、整数的补码、实数求反等数据转换操作。S7 提供以下转换指令：

BCD 转换为整数：　　　　　　　BCD_I

整数转换为 BCD：　　　　　　　I_BCD

整数转换为双整数：　　　　　　I_DI

BCD 转换为双整数：　　　　　　BCD_DI

双整数转换为 BCD：　　　　　　DI_BCD

双整数转换为实数：　　　　　　DI_R

整数二进制码的位取反：　　　　INV_I

双整数二进制码的位取反：　　　INV_DI

整数的二进制补码：　　　　　　NEG_I

双整数的二进制补码：　　　　　NEG_DI

实数求反：　　　　　　　　　　NEG_R

实数四舍五入为双整数：　　　　ROUND

实数舍去小数部分为双整数：　　TRUNC

实数向上取整为双整数：　　　　GEIL

实数向下取整为双整数：　　　　FLOOR

下面以几个数据转换指令为例介绍转换指令的特点和使用方法。

BCD 转换为整数指令和参数见表 3-6-6。

表 3-6-6　　　　　　　　　　**BCD 转换为整数指令和参数**

LAD	参数	数据类型	存储区	说明
BCD_I EN　　ENO BCD 数—IN　OUT—整数值	EN	BOOL	I, Q, M, D, L	允许输入
	ENO	BOOL		允许输出
	IN	WORD		BCD 数
	OUT	INT		BCD 数转换为的整数值

图 3-6-4 是 BCD 转换为整数指令的应用。当按下 I0.0 时，执行 BCD 码转换为整数的操作，将 MW0 的内容转换为整数存储在 MW2 中。

程序段 1：标题：

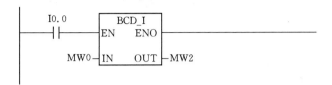

图 3-6-4 BCD 转换为整数指令的应用

整数的二进制补码指令和参数见表 3-6-7。

表 3-6-7 整数的二进制补码指令和参数

LAD	参数	数据类型	存储区	说明
NEG_I EN ENO 整数 IN OUT 整数的二进制补码	EN	BOOL	I，Q，M，D，L	允许输入
	ENO	BOOL		允许输出
	IN	INT		整数
	OUT	WORD		整数的二进制补码

图 3-6-5 是整数的二进制补码指令的应用。当按下 I0.1 时，执行整数转换为二进制补码的操作，将 MW4 的内容转换为二进制补码存储在 MW6 中。

程序段 2：标题：

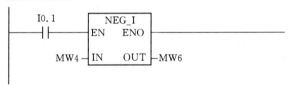

图 3-6-5 整数的二进制补码指令的应用

实数四舍五入为双整数指令和参数见表 3-6-8。

表 3-6-8 实数四舍五入为双整数指令和参数

LAD	参数	数据类型	存储区	说明
ROUND EN ENO 实数 IN OUT 四舍五入后的整数	EN	BOOL	I，Q，M，D，L	允许输入
	ENO	BOOL		允许输出
	IN	INT		实数
	OUT	WORD		四舍五入后的双整数

图 3-6-6 是实数四舍五入为双整数指令的应用。当按下 I0.2 时，执行实数四舍五入转换为双整数的操作，将 MD0 的实数以四舍五入的方式转换为双整数，并存储在 MD4 中。

程序段 3：标题：

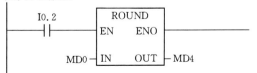

图 3-6-6 实数四舍五入为双整数指令的应用

任务 3.7 移位指令及应用

◆**知识目标**

认知 S7 - 300PLC 移位指令的使用方法。

◆**能力目标**

能应用 S7 - 300PLC 移位指令编写程序。

◆**相关知识**

移位指令有两种类型：基本移位指令和循环移位指令。基本移位指令可对数据进行左移、右移操作；循环移位指令可对数据进行左、右循环移位。

3.7.1 基本移位指令

基本移位指令的类型有以下几种：字左移指令（SHL_W）、字右移指令（SHR_W）、双字左移指令（SHL_DW）、双字右移指令（SHR_DW）、整数右移指令（SHR_I）、双整数右移指令（SHR_DI）。

下面以几个基本移位指令为例介绍基本移位指令的特点和使用方法。

字左移指令和参数见表 3 - 7 - 1。

表 3 - 7 - 1　　　　　　　　　　　字 左 移 指 令 和 参 数

LAD	参数	数据类型	存储区	说明
SHL_W EN　ENO 被移位的数—IN　OUT—移位后的数 移动的位数—N	EN	BOOL	I, Q, M, D, L	允许输入
	ENO	BOOL		允许输出
	IN	WORD		移位对象
	N	WORD		移动的位数
	OUT	WORD		移动操作后的结果

图 3 - 7 - 1 是字左移指令的应用。当按下 I0.2 时，CPU 读取 MW2 中的数据并置入累加器 1 低 16 位中，在累加器中完成左移 3 位的操作，最后把移位后的结果存入 MW4 中。

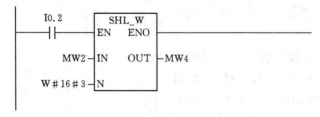

程序段 1:标题:

图 3 - 7 - 1 字左移指令的应用

整数右移指令和参数见表 3 - 7 - 2。

表 3 - 7 - 2　　　　　　　　　　整数右移指令和参数

LAD	参数	数据类型	存储区	说明
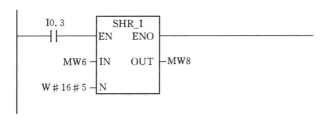	EN	BOOL	I, Q, M, D, L	允许输入
	ENO	BOOL		允许输出
	IN	WORD		移位对象
	N	WORD		移动的位数
	OUT	WORD		移动操作后的结果

图 3 - 7 - 2 是整数右移指令的应用。当按下 I0.3 时，CPU 读取 MW2 中的数据并置入累加器 1 低 16 位中，在累加器中完成右移 5 位的操作，最后把移位后的结果存入 MW8 中。

程序段 2：标题：

```
   I0.3        SHR_I
  ──┤├──────┤EN    ENO├────────
            │         │
    MW6 ────┤IN    OUT├── MW8
            │         │
 W#16#5 ────┤N        │
            └─────────┘
```

图 3 - 7 - 2　整数右移指令的应用

3.7.2　循环移位指令

循环移位指令的类型有以下几种：双字左循环指令（ROL＿DW）、双字右循环指令（ROR＿DW）。

双字左循环指令和参数见表 3 - 7 - 3。

表 3 - 7 - 3　　　　　　　　　　双字左循环指令和参数

LAD	参数	数据类型	存储区	说明
ROL_DW	EN	BOOL	I, Q, M, D, L	允许输入
	ENO	BOOL		允许输出
	IN	WORD		移位对象
	N	WORD		移动的位数
	OUT	WORD		移动操作后的结果

双字右循环指令和参数见表 3 – 7 – 4。

表 3 – 7 – 4　　　　　　　　　　　　双字右循环指令和参数

LAD	参数	数据类型	存储区	说明
ROR_DW EN　ENO 被移位的数 — IN　OUT — 移位后的数 移动的位数 — N	EN	BOOL	I, Q, M, D, L	允许输入
	ENO	BOOL		允许输出
	IN	WORD		移位对象
	N	WORD		移动的位数
	OUT	WORD		移动操作后的结果

任务 3.8　数学运算指令及应用

◆知识目标

认知 S7 – 300PLC 数学运算指令的使用方法。

◆能力目标

能应用 S7 – 300PLC 数学运算指令编写程序。

◆相关知识

算术运算指令可完成整数、双整数、实数加、减、乘、除、求余、取绝对值等运算。整数、双整数和实数在指令中的简写分别为 I、DI、R，可以通过指令的名称辨别指令的功能。四种基本运算指令如下。

加法运算指令：　　　ADD

减法运算指令：　　　SUB

乘法运算指令：　　　MUL

除法运算指令：　　　DIV

下面以几个算术运算指令为例介绍算术运算指令的特点和使用方法。

整数加法运算指令和参数见表 3 – 8 – 1。

表 3 – 8 – 1　　　　　　　　　　　　整数加法运算指令和参数

LAD	参数	数据类型	存储区	说明
ADD_I EN　ENO 加数 1 — IN1　OUT — 相加结果 加数 2 — IN2	EN	BOOL	I, Q, M, D, L	允许输入
	ENO	BOOL		允许输出
	IN1	INT		第 1 个加数
	IN2	INT		第 2 个加数
	OUT	INT		相加的结果

图 3 – 8 – 1 是整数加法运算指令的应用。当按下 I0.0 时，执行整数加法运算指令 20 加上 MW2 中的整数值，相加结果送入 MW4。

双整数乘法运算指令和参数见表 3 – 8 – 2。

程序段 1:标题:

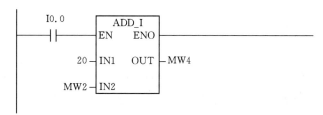

图 3-8-1 整数加法运算指令的应用

表 3-8-2   双整数乘法运算指令和参数

LAD	参数	数据类型	存储区	说明
MUL_DI EN ENO 乘数 1 —IN1 OUT —相乘结果 乘数 2 —IN2	EN	BOOL	I, Q, M, D, L	允许输入
	ENO	BOOL		允许输出
	IN1	DINT		第 1 个乘数
	IN2	DINT		第 2 个乘数
	OUT	DINT		相乘的结果

双整数求余数指令和参数见表 3-8-3。

表 3-8-3   双整数求余数指令和参数

LAD	参数	数据类型	存储区	说明
MOD_DI EN ENO 被除数 —IN1 OUT —余数 除数 —IN2	EN	BOOL	I, Q, M, D, L	允许输入
	ENO	BOOL		允许输出
	IN1	DINT		被除数
	IN2	DINT		除数
	OUT	DINT		余数

图 3-8-2 是双整数求余数指令的应用。L♯是双整数格式,36 除以 5 所得余数是 1,存入 MD4 中。

程序段 2:标题:

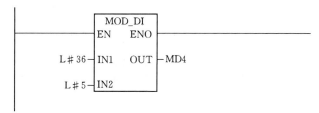

图 3-8-2 双整数求余数指令的应用

任务 3.9 控制指令及应用

◆知识目标

认知 S7-300PLC 控制指令的使用方法。

◆能力目标

能应用 S7－300PLC 控制指令编写程序。

◆相关知识

程序控制指令的作用是控制程序的运行方向，诸如程序的跳转、循环等。使用控制指令可以中断原有程序的执行，并跳转到目标地址执行新的程序段。

控制指令和参数见表 3－9－1。

表 3－9－1　　　　控 制 指 令 和 参 数

LAD	说　　明
标号	标号最多由 4 个字符组成，第一个字符必须是字母
标号 —(JMP)—	RLO 为 1 跳转，直接接到最左边母线则为无条件跳转指令，指令左边有信号则为条件跳转指令
标号 —(JMPN)—	RLO 为 0 跳转

图 3－9－1 是控制指令的应用举例一。程序段 1 是无条件跳转指令，程序将执行程序段 4，而程序段 2、程序段 3 将不被执行。

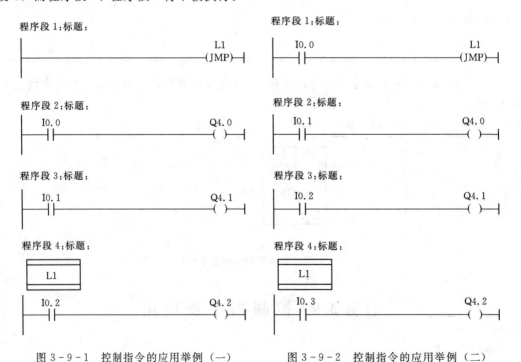

图 3－9－1　控制指令的应用举例（一）　　　　图 3－9－2　控制指令的应用举例（二）

图 3-9-2 是控制指令的应用举例二。程序段 1 是条件跳转指令，当满足条件即 I0.0 状态为"1"时，程序将执行程序段 4，而程序段 2、程序段 3 将不被执行；当条件不满足即 I0.0 状态为"0"时，程序将按照顺序执行程序段 1、2、3、4。

练 习 题

1. 填空

（1）MW0 中的最低位是（ ）。

（2）MD2 中最低的 8 位对应的字节表示为（ ）。

（3）WORD（字）是 16 位（ ）符号数，INT（整数）是 16 位（ ）符号数。

（4）Q4.3 是输出字节（ ）的第（ ）位。

（5）RLO 是（ ）的简称。

（6）定时器定时 6s 在梯形图中定时值表达为（ ）。

（7）脉冲 S5 定时器的线圈（ ）时开始定时，同时常开触点（ ），定时时间到常开触点（ ）；如果在定时过程中定时器线圈断电，常开触点（ ）。扩展脉冲 S5 定时器的线圈与脉冲 S5 定时器的线圈的主要区别在于：如果在定时过程中定时器线圈断电，常开触点（ ），直至定时时间到才（ ）。

（8）接通延时定时器的线圈（ ）时开始定时，定时时间到时剩余时间值为（ ），其常开触点（ ），直至定时器线圈断电，其常开触点（ ）；定时期间如果定时器线圈断电，定时器的剩余时间（ ）。线圈重新通电时，又从（ ）开始定时。复位输入信号为 l 时，定时器位变为（ ）。定时器位为 1 时如果 SD 线圈断电，定时器的常开触点（ ）。

（9）在加计数器的设置输入 S 端的（ ），将预置值 PV 指定的值送入计数器字。在加计数脉冲输入信号 CU 的（ ），如果计数值小于（ ），计数值加 1。复位信号 R 为 1 时，计数值被（ ）。计数值大于 0 时计数器位（即输出 Q）为（ ）；计数值为 0 时，计数器位为（ ）。

（10）计数器在梯形图中使用线圈指令编程时，需要用（ ）指令将预置值送入计数器字。

（11）L#20 是（ ）位的（ ）常数。

2. 使用置位指令和复位指令，编写两套程序，控制要求如下：

（1）启动时，电动机 M1 先启动，之后才能启动电动机 M2；停止时，电动机 M1 和 M2 同时停止。

（2）启动时，电动机 M1 和 M2 同时启动；停止时，只有电动机 M2 停止后，电动机 M1 才能停止。

3. 料箱盛料过少时，低限位开关 I0.0 为 ON，Q0.0 控制报警等闪动。10s 后自动停止报警，按复位按钮 I0.1 也停止报警。设计出梯形图程序。

4. 按下照明灯的按钮，灯亮 10s，在此期间若又有人按按钮，则定时时间从头开始，请设计出梯形图程序。

5. 设计故障信息显示电路，若故障信号 I0.0 为 1，使 Q0.0 控制的指示灯以 1Hz 的频率闪烁。操作人员按复位按钮 I0.1 后，如果故障已经消失，则指示灯熄灭。如果没有消失，指示灯转为常亮，直至故障消失。

6. 试设计电动机顺序控制 PLC 系统。控制要求：一台电动机 M1 运转 10s，停止 5s，如此反复动作 3 次后停止。

7. 设计一工业用洗衣机 PLC 控制程序，写 I/O 分配表，设计梯形图。控制要求如下：

(1) 按启动按钮后给水阀开始给水，当水满传感器动作时就停止给水，波轮正转 5s，再反转 5s，然后再正转 5s，如此反复转动 5min，出水阀开始出水，出水 10s 后停止出水，同时声光报警器报警，叫工作人员来取衣服。

(2) 按停止按钮声光报警器停止，并结束整个工作过程。

8. 试设计抢答器 PLC 控制系统。控制要求：

(1) 抢答台 A、B、C、D，有指示灯，抢答键。

(2) 裁判员台有指示灯、复位按键。

(3) 抢答时，有 2s 声音报警。

9. 编写一个占空比可调的任意周期的脉冲信号，脉冲信号的低电平时间为 1s，高电平时间为 2s 的程序。其中，I0.0 为启动按钮，I0.1 为停止按钮。

10. 某机械设备有 3 台动机，控制要求如下：按下启动按钮，第 1 台电动机 M1 启动；运行 4s 后，第 2 台电动机 M2 启动；M2 运行 15s 后，第 3 台电动机 M3 启动；按下停止按钮，3 台电动机全部停止。在启动过程中，指示灯闪烁 (亮 0.5s，灭 0.5s)，在运行过程中，指示灯常亮。

11. 控制要求：按下启动按钮，KM1 通电，电动机正转；经过延时 5s，KM1 断电，同时 KM2 得电，电动机反转；再经过 6s 延时，KM2 断电，KM1 通电。这样反复 8 次后电动机停下。

12. 试设计交通红绿灯 PLC 控制系统，控制要求如下：

东西向：绿 5s，绿灯闪烁 3 次，黄 2s；红 10s。

南北向：红 10s，绿 5s，绿灯闪烁 3 次，黄 2s。

13. 锅炉的鼓风机和引风机的控制要求如下：按下启动按钮 I0.0 后，引风机开始工作，5s 后鼓风机开始工作，按下停止按钮 I0.1 后，鼓风机停止工作，5s 后引风机再停止工作。

14. 用 S、R 跃变指令设计出如题图 3.1 所示波形梯形图。

15. 设计满足题图 3.2 所示的时序图的梯形图程序。

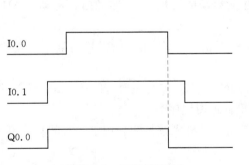

题图 3.1　波形梯形图

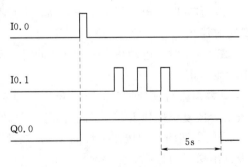

题图 3.2　时序图的梯形图程序

项目4 程序结构和设计方法

任务4.1 用户程序的基本结构

◆知识目标

认知用户程序中的常用的块、用户程序结构、I/O过程映像、程序执行过程。

◆能力目标

能分析各种块的调用关系、程序执行过程。

◆相关知识

4.1.1 用户程序中的块

PLC中的程序分为操作系统程序和用户程序，操作系统程序用来处理PLC的启动、刷新输入/输出过程映像表、调用用户程序、处理中断和错误、管理存储区和处理通信等功能等。用户程序是由用户在STEP-7中编程生成，然后将它下载到CPU中运行。用户程序包含处理用户特定的自动化任务所需要的所有功能，如指定CPU暖启动或热启动的条件、处理过程数据、指定对中断的响应和执行程序正常运行等功能。

STEP-7将用户编写的程序和程序所需的数据放置在块中，使单个的程序部件标准化。通过在块内或块之间类似子程序的调用，使用户程序结构化，可以简化程序组织，使程序易于修改、查错和调试。各种块的简单说明如表4-1-1所示，主要有OB、FB、FC、SFB和SFC，都包含部分程序。

表4-1-1　　　　　　　　　　　　用户程序中的块

块	简　要　描　述
组织块（OB）	操作系统与用户程序的接口，决定用户程序的结构
系统功能块（SFB）	集成在CPU模块中，通过SFB调用一些重要的系统功能，有存储区
系统功能（SFC）	集成在CPU模块中，通过SFC调用一些重要的系统功能，无存储区
功能块（FB）	用户编写的包含经常使用的功能的子程序，有存储区
功能（FC）	用户编写的包含经常使用的功能的子程序，无存储区
背景数据块（DI）	调用FB和SFB时用于传递参数的数据块，在编译过程中自动生成数据
共享数据块（DB）	存储用户数据的数据区域，供所有的块共享

根据用户程序的需要，用户程序可以由不同的块构成，各种块的关系如图4-1-1所示，在图中可看出，组织块OB可以调用FC、FB、SFB、SFC。FC或FB也可以调用另外的FC或FB，称为嵌套。FB和SFB使用时需要配有相应的背景数据块（DB），FC和

SFC 没有背景数据块。

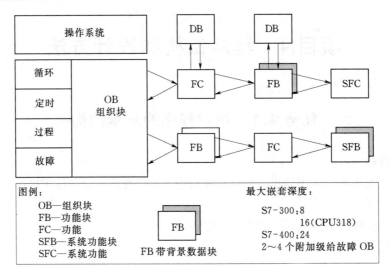

图 4-1-1　各种块的关系

其中组织块（OB）、功能块（FB）、功能（FC）、系统功能块（SFB）和系统功能（SFC）中包含由 S7 指令构成的程序代码，因此称这些模块为程序块或逻辑块背景数据和共享背景数据块（Shared DB）。DB 中不包含 S7 的指令，只用来存放用户数据，因此称数据块。

4.1.2　用户程序的结构

1. 线性程序结构

所谓线性程序结构，就是将整个用户程序连续放置在一个循环程序块（OB1）中，块中的程序按照顺序执行，CPU 通过反复执行 OB1 来实现自动化控制任务。线性结构一般适用于相对简单的程序编程。

2. 模块程序结构

所谓分部式程序结构，就是将整个程序按任务分成若干个部分，并分别放置在不同的功能（FC）、功能块（FB）及组织块中，在一个块中可以进一步分解成段。在组织块 OB1 中，包含按顺序调用其他块的指令，并控制程序执行。

在分部式程序中，既无数据交换，也不存在重复利用的程序代码，功能（FC）和功能块（FB）不传递也不接收参数。分部式程序结构的编程效率比线性程序结构有所提高，程序测试也较方便，对程序员的要求也不太高，对不太复杂的控制程序可考虑采用这种程序结构。

3. 结构化程序结构

所谓结构化程序结构，就是处理复杂自动化控制任务的过程中，为了使任务更易于控制，常把过程要求类似或相关的功能进行分类，分割为可用于几个任务的采用通用解决方案的小任务，这些小任务以相应的程序段表示，称为块（FC 或 FB）。OB1 通过调用这些程序块来完成整个自动化控制任务。

结构化程序的特点是每个块（FC 或 FB）在 OB1 中可能会被多次调用，以完成具有相同过程工艺要求的不同控制对象。这种结构可简化程序设计过程、减少代码长度、提高编程效率，比较适合于较复杂的自动化控制任务的设计。

4.1.3 I/O 过程映像

当寻址输入（I）和输出（Q）时，用户程序不直接查寻信号模块的信号状态，而是访问 CPU 系统存储器中的一个存储区，这个存储区域就是过程映像。

PLC 在一个扫描周期开始以后，不会立即响应输入信号的变化，也不会立即刷新输出信号。这样可以保证在一个扫描周期内使用相同的输入信号状态。输出信号在程序中也可以被赋值或被检查，即使一个输出在程序中的几个地方被赋值，也仅有最后被赋值的状态能传送到相应的输出模块上。为了这些功能的实现，在 PLC 内部设置了两个过程映像区：过程映像输入表（PII）和过程映像输出表（PIQ）。过程映像示意图如图 4-1-2 所示。

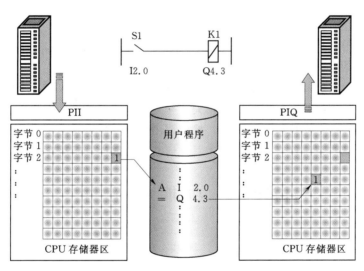

图 4-1-2 过程映像示意图

PII（process image input）建立在 CPU 存储器内，所有输入模块的信号状态均存放在此。PIQ（process image output）用来暂存程序执行结果的输出值，这些输出值在扫描结束后被传送到实际输出模块上。

4.1.4 程序执行

当 PLC 得电或从 STOP 模式切换到 RUN 模式时，CPU 执行一次启动（100），在启动期间，操作系统首先清除非保持位存储器、定时器和计数器，删除中断堆栈和块堆栈，复位所有的硬件中断和断中断，然后启动扫描循环监视时间。

如图 4-1-3，所示，CPU 的循环操作包括三个主要部分：一是 CPU 检查输入信号的状态并刷新过程映像输入表，二是执行用户程序，三是把过程映像输出表的值写到输出模块中。

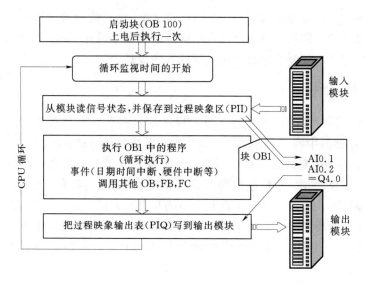

图 4 - 1 - 3 循环扫描过程

循环执行的用户程序是 PLC 正常执行的程序类型，由于操作系统在每次循环都会调用组织块 OB1，因此 OB1 实际上就是用户主程序。

对于一些很少发生或不定时发生的事件，在 PLC 的 CPU 中可作为中断源进行处理，并将相应的事件处理过程与特定组织块相关。一旦这些特定的事件发生，操作系统就会按照优先级别中断当前正在执行的程序块，然后调用部分分配给特定事件的其他组织块。中断处理结束后，操作系统就会自动将程序引导到断点处继续执行程序。

任务 4.2　功　能　的　应　用

◆知识目标

认知功能（FC）的作用和创建方法。

◆能力目标

能创建和调用功能（FC）。

◆相关知识

4.2.1　不带参数功能的应用

功能（FC）没有固定的存储区的块，其临时变量存储在局域数据堆栈中，功能（FC）执行结束后，这些数据就丢失了。用共享数据区来存储那些在功能（FC）执行结束后需要保存的数据。

功能（FC）分为不带参数的功能（FC）和带参数的功能（FC），不带参数的功能（FC），是指在编辑功能（FC）时，在局部变量声明表内不进行形式参数的定义，在功能（FC）中直接使用绝对地址完成控制程序的编程。这种方式一般应用于分步式结构的程序编写。每个功能实现整个控制任务的一部分，不重复调用。

提示：不重复调用的意思是，此功能（FC）是对某个具体控制任务所编程，故不能调用此功能（FC）控制另一个任务。比如说，功能 FC1 若不带参数，用于控制 M1 电动机星三角启动，则不可能调用功能 FC1 来控制 M2 电动机星三角启动。

因此，不带参数的功能（FC）实际就是把一段程序打包成一个符号来调用，使得主程序简单。

【例 1】 应用不带参数的功能实现基于 S7 - 300PLC 的电动机星三角启动控制程序设计。要求电动机启动时，控制电源的接触器和 Y 联结的接触器接通电源 6s 后，Y 联结的接触器断开，1s 后 Y 联结的接触器动作接通。

PLC 的 I/O 分配见表 4 - 2 - 1。

表 4 - 2 - 1　　　　　　　　　　　　PLC 的 I/O 分配

控制对象	分配输入点	控制对象	分配输出点
启动	I4.0	电源接触器	Q4.0
停机	I4.1	绕组 Y 联结	Q4.1
		绕组 Y 联结	Q4.2

本例在不带参数的功能 FC1 中编写电动机星三角启动控制程序，然后在 OB1 中通过调用 FC1 实现电动机星三角启动的功能。编辑和调用不带参数功能，具体步骤如下：

（1）按照前面介绍，创建工程项目，并完成硬件配置。

（2）编辑不带参数功能。

在项目管理窗口，点击菜单"插入"→"S7 块"→"功能"，见图 4 - 2 - 1，弹出功能的属性对话框，见图 4 - 2 - 2，输入功能的名称及选择其编程语言，单击"确定"按钮返回，项目管理窗口出现了"FC1"，见图 4 - 2 - 3，双击"FC1"打开其编程窗口。

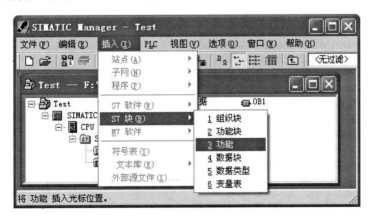

图 4 - 2 - 1　插入功能

在功能编程窗口（图 4 - 2 - 4）上方是参数定义，此例不需要定义参数，直接在下方编程，见图 4 - 2 - 5 和图 4 - 2 - 6。最后在 OB1 主程序中调用功能 FC1，见图 4 - 2 - 6。

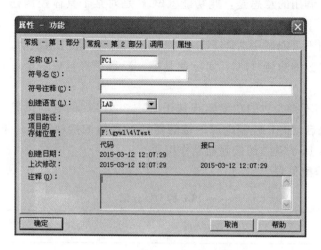

图 4 - 2 - 2　功能属性对话框

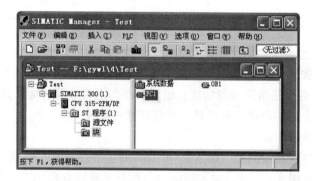

图 4 - 2 - 3　返回项目管理窗口

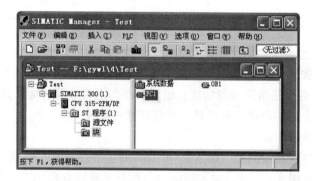

图 4 - 2 - 4　功能编程窗口

程序段 1:接通电源

```
   I4.0                        Q4.0
 ──┤├──────────────────────────(S)──┤
```

程序段 3:定时 7 s 时间到,接通△联结

```
   T1         Q4.1             Q4.2
 ──┤├────────┤/├────────────────( )──┤
```

程序段 2:启动定时 6 s、7 s,接通 Y 联结 6 s

```
   Q4.0                         T0
 ──┤├───┬────────────────────────(SD)──┤
        │                    S5T#6s
        │                        T1
        ├────────────────────────(SD)──┤
        │                    S5T#7s
        │  T0      Q4.2     Q4.1
        └──┤/├────┤/├────────( )──┤
```

程序段 4:停机

```
   I4.1                        Q4.0
 ──┤├──────────────────────────(R)──┤
```

图 4-2-5 功能 FC1 的程序

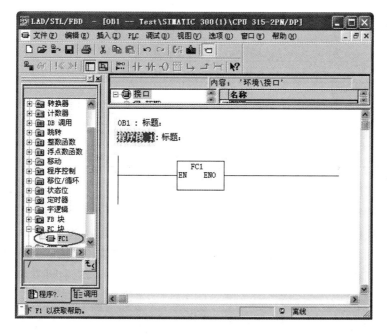

图 4-2-6 在主程序 OB1 中调用功能 FC1

4.2.2 带参数功能的应用

所谓带参数功能(FC),是指编辑功能(FC)时,在局部变量声明表内定义了形式参数,在功能(FC)中使用了符号地址完成控制程序的编程,以便在其他块中能重复调用有参功能(FC)。

这种方式一般应用于结构化程序编写,它具有以下优点:

(1)程序只需生成一次,显著地减少了编程时间。

（2）该块只在用户存储器中保存一次，降低了存储器的用量。

（3）该块可以被程序任意次调用，每次使用不同的地址。该块采用形式参数编程，当用户程序调用该块时，要用实际参数赋值给形式参数。

下面还以电动机星三角启动控制的设计为例，介绍带参数 FC 的编程与应用。

【例 2】　基于 S7-300PLC 的多组电动机星三角启动控制程序设计。

电动机组控制要求如下：

（1）有两台电动机，都要求 Y—△减压启动。

（2）每台电动机独立控制启停，控制电源接通后，Y 联结时间和△切换时间可以设置不同 M2 和 M3 电动机分别为 6s 和 7s、5s 和 6s。

分析：本例通过编写带参数的功能 FC2 控制电动机星三角控制程序，然后在 OB1 中调用，并设定相应的参数实现两台电动机星三角启动的功能。具体步骤如下：

下面具体说明带参数功能 FC（）的应用。

（1）分配 PLC 的 I/O，见表 4-2-2。

表 4-2-2　　　　　　　　　　　　　　PLC 的 I/O 分配

控制对象	分配输入点	控制对象	分配输出点
M2 启动	I4.2	M2 电源接触器	Q4.0
M2 停机	I4.3	M2 绕组 Y 联结	Q4.1
M3 启动	I4.4	M2 绕组△联结	Q4.2
M3 停机	I4.5	M3 电源接触器	Q4.3
		M3 绕组 Y 联结	Q4.4
		M3 绕组△联结	Q4.5

（2）继续使用本节创建工程项目 Test。

（3）编辑带参数功能 FC2。

在项目管理窗口，点击菜单"插入"→"S7 块"→"功能"，见图 4-2-7，弹出功能的属性对话框，见图 4-2-8，输入功能的名称及选择其编程语言，单击"确定"按钮返回，项目管理窗口出现了"FC2"，见图 4-2-9，双击"FC2"打开其编程窗口。

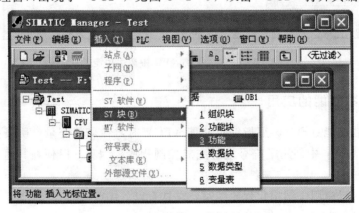

图 4-2-7　插入功能

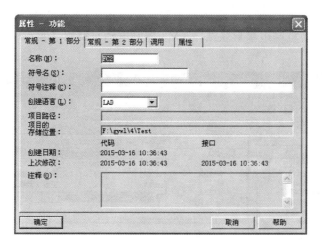

图 4-2-8　功能属性对话框

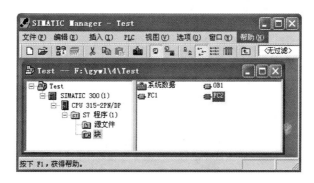

图 4-2-9　返回项目管理窗口

在变量声明表中建立 4 个 IN 型的变量，变量名和数据类型如图 4-2-10 所示。start 是电动机的启动命令，stop 是电动机的停止命令，timer1 和 timer2 是两个定时器。

图 4-2-10　建立 IN 型变量

建立 3 个 OUT 型的变量，变量名和数据类型如图 4-2-11 所示。KM1 控制电动机电源，KM2 控制电动机绕组星形联结，KM3 控制电动机绕组三角形联结。

图 4-2-11　建立 OUT 型变量

　　编写功能 FC2 的程序，见图 4-2-12。

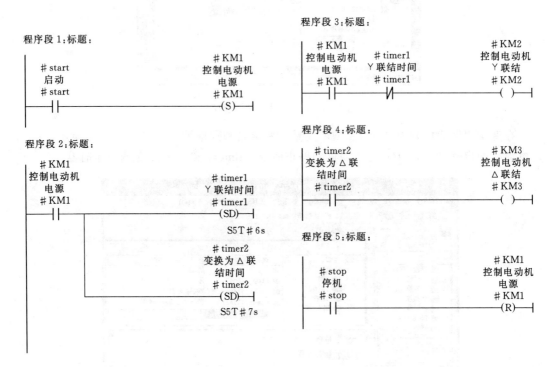

图 4-2-12　FC2 启动程序

　　（4）编写 OB1 主程序，见图 4-2-13。

程序段1:控制电动 M1 星三角减压启动

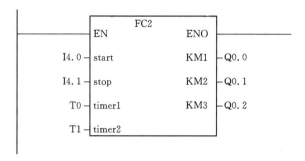

程序段2:控制电动 M1 星三角减压启动

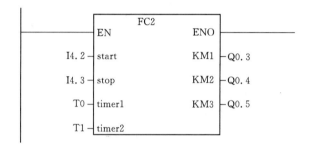

图 4-2-13 OB1 主程序

任务4.3 功 能 块 的 应 用

◆**知识目标**

认知功能块（FB）的作用和创建方法。

◆**能力目标**

能创建和调用功能（FB）。

◆**相关知识**

4.3.1 功能块及其应用

功能块（FB）是用户编写的具有自己的存储区（即数据块 DB）的块，数据块 DB 的数据结构与功能块参数表完全相同称背景数据块。当功能块（FB）被执行时，DB 块被调用。执行结束时，调用随之结束，存放在 DB 块中的数据不会丢失。

调用 FB 或 SFB 时，必须指定背景数据块 DI 的编号。在编译 FB 或 SFB 时自动生成背景数据块中的数据。

可以在 FB 的变量声明表中给形参赋初值，它们被自动写入相应的背景数据块中。如果调用块时没有提供实参，将使用上一次存储在 DI 中的参数。

一个背景 DB 被指定给每一个被调用的功能块（FB）被称为参数传递。

通过调用同一个 FB 的不同的背景 DB，用户可以用一个 FB 控制多台设备。比如，一个用于电机控制的 FB，可以通过对每个不同的电机，使用不用的背景数据，来控制多台电机。

对于所有的参数类型［如定时器（TIMER）、计数器（COUNTER）或指针（POINTER）］。STEP 7 会按照如下方式将实际参数赋值给 FB 的形式参数：

（1）当用户在调用语句中定义了实际参数时，FB 的指令使用所提供的实际参数。

（2）当用户在调用语句中没有定义实际参数，FB 的指令就使用存于背景 DB 中形式参数的数值。该数值可能是在功能块的变量声明表中设置的形式参数的初值，也可能是上一次调用时储存在背景 DB 中的数值。

4.3.2 FB 及其调用举例

【例 1】 基于 S7 - 300PLC 的液位测量程序设计。要求将水箱的参数转化为高度显示。

分析：本例液位传感器接在 A/D 转换模块 M334 的第 1 通道，若系统给 M334 分配的输入 I 地址为 256 - 263，则液位被转换后的数据放在 PIW256 中。液位传感器已设置为 0～20cm 对应输出 4～20mA。根据 M334 的特性，4～20mA 转换为数字范围 6400～27648。

（1）继续使用工程项目 Test。

（2）编辑带参数功能 FB1。

在项目管理窗口，点击菜单"插入"→"S7 块"→"功能块"，见图 4-3-1，弹出功能的属性对话框，见图 4-3-2，输入功能块的名称及选择其编程语言，单击"确定"按钮返回，项目管理窗口出现了"FB1"，见图 4-3-3，双击"FB1"打开其编程窗口。

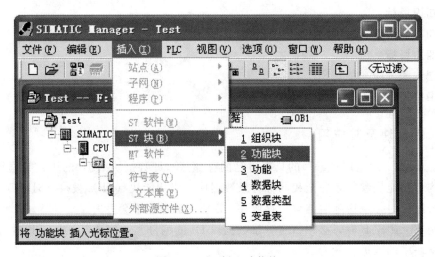

图 4-3-1 插入功能块

双击"FB1"打开功能块编程窗口，在变量声明表中建立 2 个 IN 型的变量，变量名和数据类型如图 4-3-4 所示。pv_int 是液位测量值（数字量），EM 是此功能块是否有效。

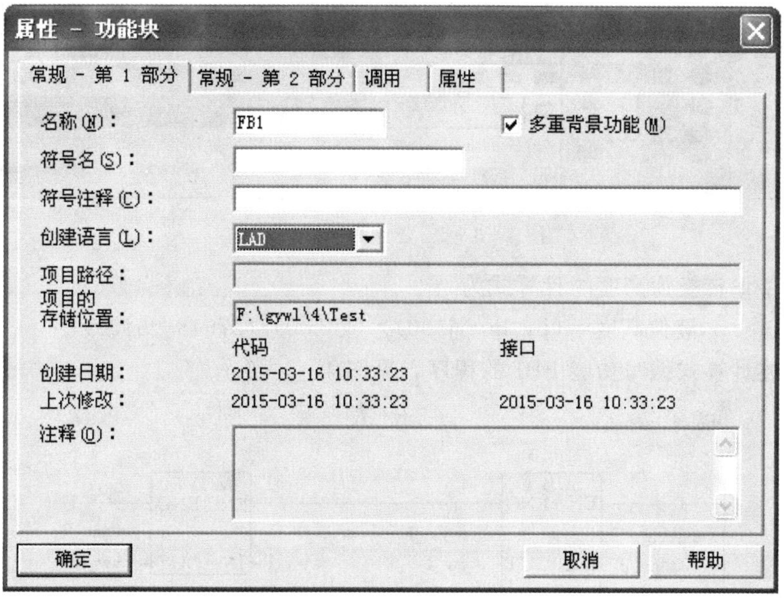

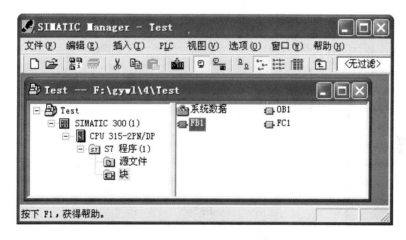

图4-3-2 功能块属性对话框

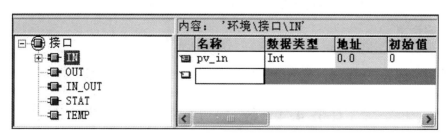

图4-3-3 返回项目管理窗口

内容: '环境\接口\IN'			
名称	数据类型	地址	初始值
pv_in	Int	0.0	0

图4-3-4 建立IN型变量

建立1个OUT型的变量,变量名和数据类型如图4-3-5所示。pv_out是液位转换为高度后的值。

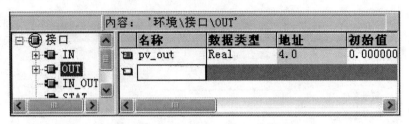

图 4-3-5　建立 OUT 型变量

液位数字量转换为高度的计算式为

$$液位高度＝(pv\_in-6400)×(20-0)/(27648-6400)$$

根据上述计算式编写功能 FB1 的程序，见图 4-3-6。

程序段 1：标题：

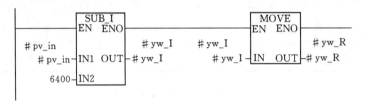

程序段 2：标题：

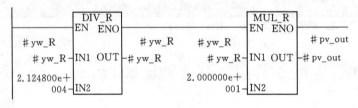

图 4-3-6　FB1 的液位测量程序

编写 OB1 主程序，见图 4-3-7。在调用功能触块 FB1 时需要为其指定背景数据块，这里输入 DB2。再返回项目管理窗口，多了一个"DB2"图标。

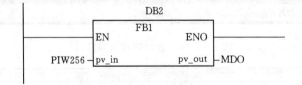

图 4-3-7　OB1 主程序

提示：如果要适用任意高度液位测量，FB1 要增加高度输入变量。

任务 4.4　数 据 块 的 应 用

◆**知识目标**

认知数据块的作用和创建方法。

◆能力目标

能创建和使用数据块中的变量。

◆相关知识

数据块的一个作用是作为背景数据，当功能块 FB 在组织块（OB1）中被调用时使用；另一个作用是定义用户程序所需的内部变量，在数据块中定义变量的好处是方便管理、方便在线监视，也方便上位机组态监控，组态软件是可以读写 DB 的数据的，下面介绍自定义内部变量的应用。

（1）创建工程项目 Test2。

（2）插入数据块 DB1。

在项目管理窗口，点击菜单"插入"→"S7 块"→"数据块"，见图 4-4-1，弹出功能的属性对话框，见图 4-4-2，输入功能块的名称及选择其编程语言，单击"确定"按钮返回，项目管理窗口出现了"DB1"，见图 4-4-3，双击"DB1"打开其列表，就可以定义变量（图 4-4-4）。

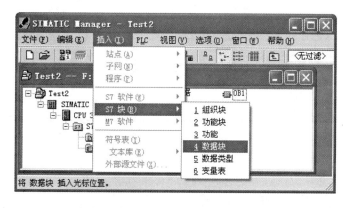

图 4-4-1　插入数据块

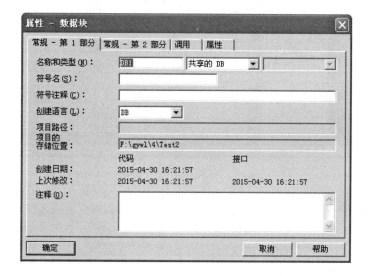

图 4-4-2　数据块属性窗口

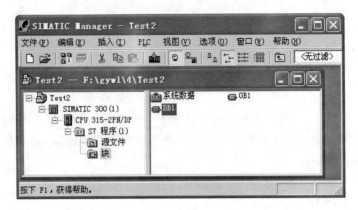

图4-4-3　返回项目管理窗口

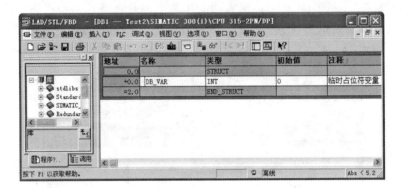

图4-4-4　DB1变量定义

DB1变量列表见图4-4-5。

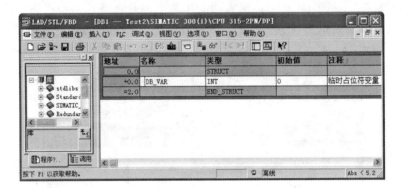

地址	名称	类型	初始值	注释
0.0		STRUCT		
+0.0	DB_VAR	INT	0	临时占位符变量
+2.0	start	BOOL	FALSE	启动
+2.1	stop	BOOL	FALSE	停止
+2.2	on	BOOL	FALSE	一般回来的通断控制
+2.3	MAN_on	BOOL	TRUE	手动/自动方式
+4.0	SP	REAL	3.000000e+001	设定值（0~100）
+8.0	PV	REAL	0.000000e+000	过程值，即液位测量值（0~100）
+12.0	MV	REAL	0.000000e+000	操作值，即PID输出的控制值（0~100）
+16.0	SP_man	REAL	3.000000e+001	手动设定值（0~100）
+20.0	PID_P	REAL	5.000000e+000	PID的比例系数
+24.0	PID_I	REAL	0.000000e+000	PID的积分时间
+28.0	PID_D	REAL	0.000000e+000	PID的微分时间
=32.0		END_STRUCT		

图4-4-5　DB1变量列表

（3）在OB1等程序中引用DB1中的变量，数据块的引用地址表示方法如下：

真假型变量：　　　　　　　DB1.DBX2.0　　　对应　　　start

　　　　　　　　　　　　　DB1.DBX2.1　　　对应　　　stop

32个位长度变量：　　　　　DB1.DBD4　　　　对应　　　SP

| DB1. DBD4 | 对应 | PV |
| DB1. DBD4 | 对应 | MV |

任务 4.5 组织块（OB）的应用

◆**知识目标**

认知组织块（OB）的类型及其启动事件和优先级别。

◆**能力目标**

能应用常用的组织块编写程序。

◆**相关知识**

4.5.1 组织块（OB）

组织块是操作系统和用户程序之间的接口。OB 是用于执行具体的程序：CPU 启动时、CPU 在一个循环或时钟执行时、CPU 发生故障时或发生硬件中断时，组织块根据其优先级执行。高优先级的 OB 可以中断低优先级的 OB。

表 4-5-1 中包含每一个 OB 的启动事件及对应的优先级。

表 4-5-1 　　　　　　　　　　　OB 优先级别明细表

OB 编号	启 动 事 件	默认优先级	说明
OB1	启动或上一次循环结束时执行 OB1	1	主程序循环
OB10～OB17	日期时间中断 0～7	2	在设置的日期时间启动
OB20～OB23	时间延时中断 0～3	3～6	延时后启动
OB30～OB38	循环中断 0～8 时间间隔分别为 5s，2s，1s，500ms，200ms，100ms，50ms，20ms，10ms	7～15	以设定的时间为周期运行
OB40～OB47	硬件中断 0～7	16～23	检测外部中断请求时启动
OB55	状态中断	2	DPV1 中断（profibuS－dp）
OB56	刷新中断	2	
OB57	制造厂特殊中断	2	
OB60	多处理中断，调用 SFC35 时启动	25	多处理中断的同步操作
OB61～64	同步循环中断 1～4	25	同步循环中断
OB70	I/O 冗余错误	25	冗余故障中断
OB72	CPU 冗余错误，例如一个 CPU 发生故障	28	只用于 H 系列的 CPU
OB73	通行冗余错误中断，例如冗余连接的冗余丢失	25	
OB80	时间错误	26 启动为 28	
OB81	电源故障	27 启动为 28	
OB82	诊断中断	28 启动为 28	
OB83	插入/拔出模块中断	29 启动为 28	
OB84	CPU 硬件故障	30 启动为 28	异步错误中断

续表

OB 编号	启 动 事 件	默认优先级	说明
OB85	优先级错误	31 启动为 28	
OB86	扩展几架、DP 主站系统或分布式 I/O 站故障	32 启动为 28	
OB87	通行故障	33 启动为 28	
OB88	过程中断	34 启动为 28	
OB90	冷、热启动、删除或背景循环	29	背景循环
OB100	暖启动	27	
OB101	热启动	27	启动
OB102	冷启动	27	
OB121	编程错误	与引起中断的	同步错误中断
OB122	I/O 访问错误	OB 相同	

4.5.2 事件中断处理

中断处理用来实现对特殊内部事件或外部事件的快速响应。如果没有中断事件发生，CPU 循环执行组织块 OB1。CPU 检测到中断源的中断请求时，操作系统在执行完当前逻辑块的当前指令后，立即响应中断，自动调用中断源对应的中断组织块。执行完中断组织块后，返回被中断的程序的断点处继续执行原来的程序。中断组织块不是由逻辑块调用，而是在中断事件发生时由操作系统调用。中断组织块中的程序是用户编写的。

有中断事件发生时，如果没有下载对应的组织块，CPU 将会进入 STOP 模式。如果用户希望忽略某个中断事件，可以生成和下载一个对应的空的组织块，出现该中断事件时，CPU 不会进入 STOP 模式。

4.5.3 中断的优先级

OB 按触发事件分成几个级别，这些级别有不同的优先级，见表 4-5-2。如果在执行中断程序（组织块）时，又检测到一个中断请求，CPU 将比较两个中断源的中断优先级；如果优先级相同，按照产生中断请求的先后次序进行处理。如果后者的优先级比正在执行的 OB 的优先级高，将中止当前正在处理的 OB，改为调用较高优先级的 OB。这种处理方式称为中断程序的嵌套调用。

表 4-5-2　　　　　　　　　　　OB 临时局部变量

地址（字节）	内　　容
0	事件级别与标识符，例如 OB40 为 B♯16♯11，表示硬件中断被激活
1	用代码表示与启动 OB 的事件有关的信息
2	优先级，例如 OB40 的优先级为 16
3	CB 块号，例如 OB40 的块号为 40
4~11	事件的附加信息，例如 OB40 的 LB5 为产生中断的模块的类型，LB6 为产生中的模块的起始地址，LD8 为产生中断的通道号
12~19	OB 被启动的日期和时间（年、月、日、时、分、秒、毫秒与星期）

任务 4.6　梯形图的顺序控制设计法

◆**知识目标**

认知顺序控制程序设计方法。

◆**能力目标**

能应用顺序控制设计编写程序。

◆**相关知识**

4.6.1　顺序控制设计法

继电器电路图和简单的梯形的程序一般采用经验设计法来设计，这种设计方法具有很大的试探性和随意性，很难掌握，这是因为设计的质量和速度与设计者的经验有很大的关系。

顺序控制，就是按照生产工艺预先规定的顺序，在各个输入信号的作用下，按照内部状态和时间的顺序，在生产过程中各个执行机构自动地有秩序地进行操作。

顺序控制设计法是一种先进的很容易掌握的设计方法，对于有经验的工程师，会提高设计的效率，程序的调试、修改和阅读也很方便。

顺序功能图（sequentlal function chart，SFC），是描述控制系统的控制过程、功能和特性的一种图形，也是 PLC 的编程语言标准 IEC 61131 - 3 位居首位的编程语言。S7 - 300/400 的 S7GRAPH 就是一种顺序功能图语言。

现在还有相当多的 PLC（包括 S7 - 200 和 S7 - 1200）没有配备顺序功能图语言。可以用顺序功能图来描述系统的功能，根据它来设计梯形图程序。本章首先介绍顺序功能图的画法，然后介绍用置位复位指令设计顺序控制程序的方法，最后介绍用顺序功能图语言 S7 GRAPH 设计顺序控制程序的方法。

4.6.2　步的基本概念

顺序控制设计法最基本的思想是将系统的一个工作周期划分为若干个顺序相连的阶段，这些阶段称为步（step），并用编程元件（例如位存储器 M）来代表各步。步是根据输出量的状态变化来划分的，在任何一步之内，各输出量的 ON/OFF 状态不变，但是相邻两步输出量总的状态是不同的，步的这种划分方法使代表各步的编程元件的状态与各输出量的状态之间，有着极为简单的逻辑关系。

顺序控制设计法用转换条件控制代表各步的编程元件，让它们的状态按规定的顺序变化，然后用代表各步的编程元件去控制 PLC 的各输出位。

图 4 - 6 - 1 中的两条运输带的控制要求，启动响应先启动 1 号运输带，延时 6s 后自动启动 2 条运输带。按了停止按钮后，先停 2 号运输带，5s 后再停 1 号运输带。图 4 - 6 - 1 给出了输入输出信号的波形图和顺序功能图。控制 1 号运输带的 Q4.0 在步 M0.1～M0.3 中都应为 1 状态。

根据 Q4.0～Q4.1 的 ON/OFF 状态的变化，显然可以将上述工作过程分为 3 步，分

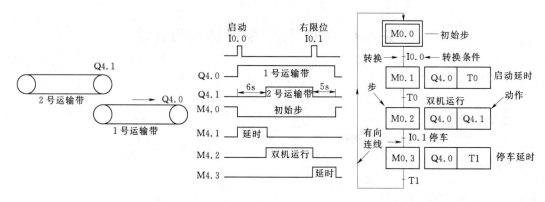

图 4 - 6 - 1　波形图与顺序功能图

别用 M0.1～M0.3 代表，另外还设置了一个等待启动的初始步 M0.0。图 4 - 6 - 1 的右边是描述该系统的顺序功能图，图中用矩形方框表示步，方框中是代表该步的编程元件的地址，例如 M0.0 等。与系统的初始状态相对应的步称为初始步，初始状态一般是系统等待起动命令的相对静止的状态。初始步用双线方框表示，每一个顺序功能图至少应该有一个初始步。当系统正处于某一步所在的阶段时，称该步处于活动状态，该步为"活动步"。

4.6.3　与步对应的动作

在顺序功能图中，PLC 的输出被称为"动作"，动作放在矩形框内，并与它所在的步对应的方框相连。

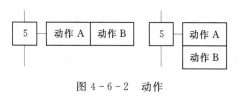

图 4 - 6 - 2　动作

如果某一步有几个动作，可以用图 4 - 6 - 2 中的两种画法来表示，但是并不隐含这些动作之间有先后顺序。应清楚地表明动作是存储型的还是非存储型的。图 4 - 6 - 1 中的 Q4.0 和 Q4.1 均为非存储型动作，例如在步 M0.2 为活动步时，动作 Q4.1 为 1 状态，步 M0.2 为不活动步时，动作 Q4.1 为 0 状态。

在图 4 - 6 - 1 的步 M0.1 中，接通延时定时器 T0 用于启动延时，在该步 T0 的线圈应一直通电，转换到下一步后，T0 的线圈断电。从这个意义上说，T0 的线圈相当于该步的一个非存储型动作，因此将这种为某一步定时的接通延时定时器放在与该步相连的动作框内，它表示定时器的线圈在该步内"通电"，

4.6.4　有向连线

在顺序功能图中，随着时间的推移和转换条件的实现，将会发生步的活动状态的进展，这种进展按有向连线规定的路线和方向进行。在画顺序功能图时，将代表各步的方框桉它们成为活动步的先后次序顺序排列；并用有向连线将它们连接起来。步的活动状态默认的进展方向是从上到下或从左至右，在这两个方向的有向连线上的箭头可以省略，如果不是上述的方向，则应在有向连线上用箭头注明进展方向。

4.6.5　转换与转换条件

转换用有向连线上与有向连线垂直的短划线来表示，转换将相邻两步分隔开。使系统由当前步进入下一步的信号称为转换条件，转换条件可以是外部的输入信号，例如按钮、指令开关、限位开关的接通或断开等；也可以是 PLC 内部产生的信号，例如定时器、计数器触点的通断等，转换条件还可以是若干个信号的与、或、非逻辑组合。

图 4 - 6 - 1 中步 M0.0 下面的转转换条件 T0 是对应于接通延时定则器 T0 的常开触点，当 T0 的定时时间到时该转换条件满足。

4.6.6　绘制顺 E 序功能图的练习

冲床的运动示意图如图 4 - 6 - 3 所示。初始状态时机械手在最左边，I0.4为 1 状态；冲头在最上面 I0.3 为 1 状态；机械手松开，Q0.0 为 0 状态。按下启动按钮 I0.0，Q0.0 变为 1 状态，工件被夹紧并保持，2s 后 Q0.1 变为 1 状态，机械手右行；直到碰到 I0.1。以后将顺序完成以下动作：冲头下行，冲头上行，机械手左行，机械手松开（Q0.0 被复位）。

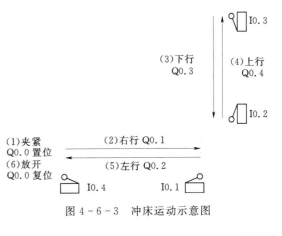

图 4 - 6 - 3　冲床运动示意图

延时 2s 后，系统返回初始状态。各限位开关和定时器提供的信号是相应步之间的转换条件。画出控制系统的顺序功能图。

任务 4.7　S7 - GRAPH 顺序功能图语言的应用

◆**知识目标**

认知 S7 - GRAPH 环境下的设计和调试方法。

◆**能力目标**

能应用 S7 - GRAPH 顺序功能图语言编写程序。

◆**相关知识**

S7 - GRAPH 语言是 S7 - 300/400 的顺序功能图语言，遵从 IEC 61131 - 3 标准的规定。

顺序功能图（简称 SFC）是 IEC 标准编程语言，用于编制复杂的顺控程序，很容易被初学者接受，对于有经验的电气程师，也会大大提高工作效率。

4.7.1　S7 - GRAPH 编辑器

在 Blocks（块）文件夹中打开功能块 FB1，打开 S7 - GRAPH 编辑器。编辑器为 FB1自动生成了第一步"S1 Step1"和第一个转换"T1 TranS1"，如图 4 - 7 - 1 所示。

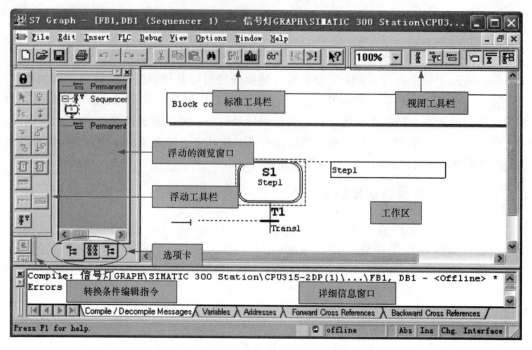

图4-7-1 S7-GRAPH编辑器

S7-GRAPH编辑器由生成和编辑程序的工作区、标准工具栏、视窗工具栏、浮动工具栏、详细信息窗口和浮动的浏览窗口（overview window）等组成。

1. 视窗工具栏

视窗工具栏上各按钮的作用如图4-7-2所示。

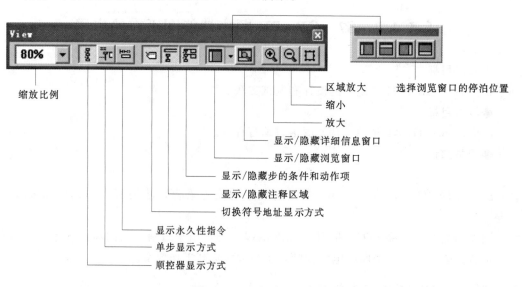

图4-7-2 视窗工具栏

2. Sequencer浮动工具栏

Sequencer浮动工具栏上各按钮的作用如图4-7-3所示。

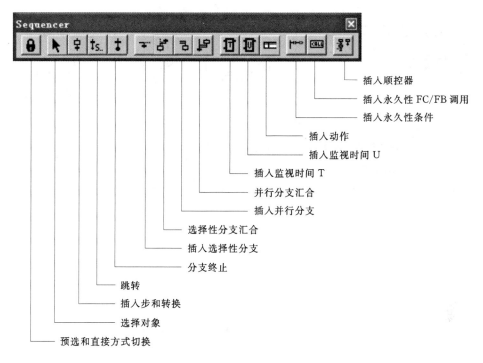

图 4 - 7 - 3　Sequencer 浮动工具栏

3. 转换条件编辑工具栏

转换条件编辑工具栏上各按钮的作用如图 4 - 7 - 4 所示。

4. 浏览窗口

单击标准工具栏上的按钮 ▥ 可显示或隐藏左视窗。左视窗有三个选项卡：图形选项卡（Graphic）、顺控器选项卡（Sequencer）和变量选项卡（Variables），如图 4 - 7 - 5 所示。

在顺控器选项卡内可浏览多个顺控器 e 的结构，当一个功能块内有多个顺控器时，可使用该选项卡。

在变量选项卡内可浏览编程时可能用到的各种基本元素。在该选项卡可以编辑和修改现有的变量，也可以定义新的变量。可以删除，但不能编辑系统变量。

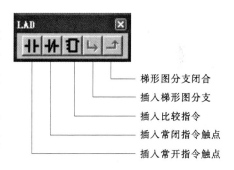

图 4 - 7 - 4　转换条件编辑工具栏

5. 步与步的动作命令

顺控器的步由步序、步名、转换编号、转换名、转换条件和步的动作等组成，如图 5 - 7 - 6 所示。

步的动作行由命令和地址组成，右边的方框为操作数地址，左边的方框用来写入命令，动作中可以有定时器、计数器和算术运算。

（1）标准动作。

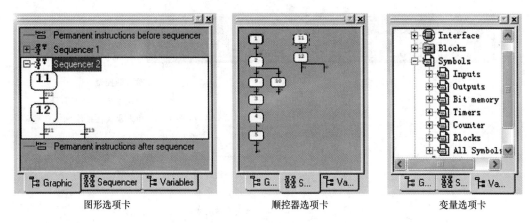

图形选项卡   顺控器选项卡   变量选项卡

图 4 - 7 - 5   左视窗三个选项卡

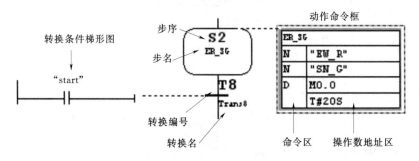

图 4 - 7 - 6   步与步的动作命令

标准动作可以设置互锁（在命令的后面加"C"），仅在步处于活动状态和互锁条件满足时，有互锁的动作才被执行。没有互锁的动作在步处于活动状态时就会被执行。标准动作中的命令如表 4 - 7 - 1 所示，表中的 Q，I，M，D 均为位地址，括号中的内容用于有互锁的动作。

表 4 - 7 - 1   标准动作中的命令

命令	地址类型	
N（或 NC）	Q，I，M，D	只要步为活动步（且互锁条件满足），动作对应的地址为 1 状态，无锁存功能
S（或 SC）	Q，I，M，D	置位：只要步为活动步（且互锁条件满足），该地址被置为 1 并保持为 1 状态
R（或 RC）	Q，I，M，D	复位：只要步为活动步（且互锁条件满足），该地址被置为 0 并保持为 0 状态
D（或 DC）	Q，I，M，D	延迟：（如果互锁条件满足），步变为活动步 n 秒后，如果步仍然是活动的，该地址被置为 1 状态，无锁存功能
	T＃＜常数＞	有延迟的动作的下一行为时间常数
L（或 LC）	Q，I，M，D	脉冲限制：步为活动步（且互锁条件满足），该地址在 n 秒内为 2 状态，无锁存功能
	T＃＜常数＞	有脉冲限制的动作的下一行为时间常数
CALL（或 CALC）	FC，FB，SFC，SFB	块调用：只要步为活动步（且互锁条件满足），指定的块被调用

（2）与事件有关的动作。

动作可以与事件结合，事件是指步、监控信号、互锁信号的状态变化、信息（Message）的确认（Acknowledgment）或记录（Registration）信号的置位，事件的意义见表 4 - 7 - 2。

命令只能在事件发生的那个循环周期执行。

表 4 - 7 - 2　　　　　　　　与 事 件 有 关 的 动 作

事件	事件的意义	事件	事件的意义
S1	步变为活动步	S0	步变为非活动步
V1	发生监控错误（有干扰）	V0	监控错误消失（无干扰）
L1	互锁条件解除	L0	互锁条件变为 1
A1	信息被确认	R1	在输入信息（REG _ EF/REG _ S）的上升沿，记录信号被置位

（3）ON 命令与 OFF 命令。

用 ON 命令或 OFF 命令可以使命令所在步之外的其他步变为活动步或非活动步。

指定的事件发生时，可以将指定的步变为活动步或非活动步。如果命令 OFF 的地址标识符为 S _ ALL，将除了命令"S1（V1，L1）OFF"所在的步之外其他的步变为非活动步。

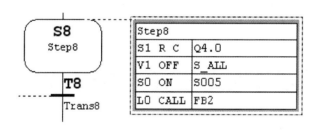

图 4 - 7 - 7　S8 变为活动步

在图 4 - 7 - 7 中的步 S8 变为活动步后，各动作按下述方式执行：

1）一旦 S8 变为活动步和互锁条件满足，指令"S1 RC"使输出 Q2.1 复位为 0，并保持为 0。

2）一旦监控错误发生（出现 v1 事件），除了动作中的命令"v1 OFF"所在的步 S8，其他的活动步变为非活动步。

3）S8 变为非活动步时（出现事件 S0），将步 S5 变为活动步。只要互锁条件满足（出现 L0 事件），就调用指定的功能块 FB2。

（4）动作中的计数器。

动作中的计数器的执行与指定的事件有关。互锁功能可以用于计数器，对于有互锁功能的计数器，只有在互锁条件满足和指定的事件出现时，动作中的计数器才会计数。计数值为 0 时计数器位为"0"，计数值非 0 时计数器位为"1"。

事件发生时，计数器指令 CS 将初值装入计数器。CS 指令下面一行是要装入的计数器的初值，它可以由 IW、QW、MW、LW、DBW、BIW 来提供，或用常数 C♯0～C♯999 的形式给出。

事件发生时，CU、CD、CR 指令使计数值分别加 1、减 1 或将计数值复位为 0。计数器命令与互锁组合时，命令后面要加上"C"。

（5）动作中的定时器。

动作中的定时器与计数器的使用方法类似，事件出现时定时器被执行，见图 4 - 7 - 8。互锁功能也可以用于定时器。

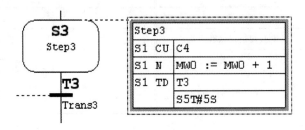

图 4 - 7 - 8　动作中的定时器

1）TL 命令为扩展的脉冲定时器命令，该命令的下面一行是定时器的定时时间"time"，定时器位没有闭锁功能。

2）TD 命令用来实现定时器位有闭锁功能的延迟。

3）TR 是复位定时器命令，一旦事件发生定时器立即停止定时，定时器位与定时值被复位为"0"。

（6）设置 S7 - GRAPH 功能块的参数集，见图 4 - 7 - 9。

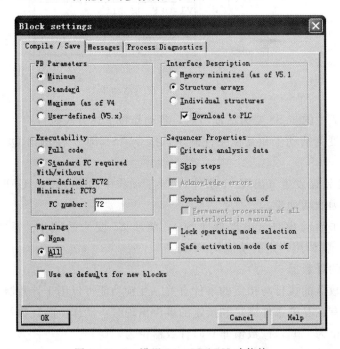

图 4 - 7 - 9　设置 S7 - GRAPH 功能块

4.7.2　创建 S7‑GRAPH 项目

本节以交通灯控制系统为例，介绍 S7‑GRAPH 编辑功能图的方法。

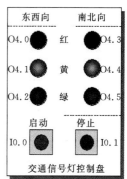

图 4‑7‑10　交通灯控制系统示意图

1. 控制器设计

图 4‑5‑10 所示为双干道交通信号灯设置示意图，设计的控制器 I/O 分配表见表 4‑7‑3。

表 4‑7‑3　　　　　　　　　　　　控制器 I/O 分配

编程元件	元件地址	符号	传感器/执行器	说明
数字量输人 32×24V DC	I0.0	Start	常开按钮	启动按钮
	I0.1	Stop	常开按钮	停止按钮
数字量输出 32×24V DC	Q4.0	EW _ R	信号灯	东西向红灯
	Q4.1	EW _ Y	信号灯	东西向黄灯
	Q4.2	EW _ G	信号灯	东西向绿灯
	Q4.3	SN _ R	信号灯	南北向红灯
	Q4.4	SN _ Y	信号灯	南北向黄灯
	Q4.5	SN _ G	信号灯	南北向绿灯

（1）控制说明。

信号灯的动作受开关总体控制，按一下启动按钮，信号灯系统开始工作，工作流程如图 4‑7‑11 所示。

（2）顺序功能图。

分析信号灯的变化规律，可将工作过程分成 4 个依设定时间而顺序循环执行的状态：S2、S3、S4 和 S5，另设一个初始状态 S1。由于控制比较简单，可用单流程实现，如图 4

- 7 - 12 所示。

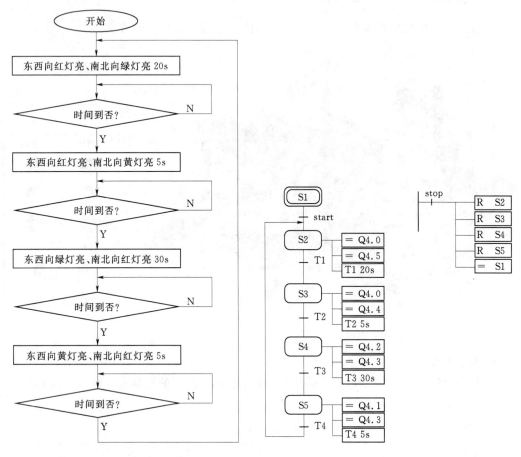

图 4 - 7 - 11　工作流程　　　　　　图 4 - 7 - 12　顺序功能图

编写程序时，可将顺序功能图放置在一个功能块（FB）中，而将停止作用的部分程序放置在另一个功能（FC）或功能块（FB）中。这样在系统启动运行期间，只要停止按钮（stop）被按动，立即将所有状态 S2～S5 复位，并返回到待命状态 S1。

在待命状态下，只要按动启动按钮（start），系统即开始按顺序功能图所描述的过程循环执行。

2. S7 - GRAPH 项目的创建

利用 S7 - GRAPH 编程语言，可以清楚快速地组织和编写 S7 PLC 系统的顺序控制程序。它根据功能将控制任务分解为若干步，其顺序用图形方式显示出来并且可形成图形和文本方式的文件，可非常方便地实现全局、单页或单步显示及互锁控制和监视条件的图形分离。

在每一步中要执行相应的动作并且根据条件决定是否转换为下一步。它们的定义、互锁或监视功能用 STEP 7 的编程语言 LAD 或 FBD 来实现。

下面结合交通信号灯控制系统，介绍如何用 S7 - GRAPH 编辑顺序功能图。

（1）创建 S7 项目。

打开 SIMATIC Manager，然后执行菜单命令“File”→“New”创建一个项目，并命名为“信号灯 Graph”。

(2) 硬件配置。

选择“信号灯 Graph”项目下的“SIMATIC 300 Station”文件夹，进入硬件组态窗口按图 4 - 7 - 13 完成硬件配置，最后编译保存并下载到 CPU。

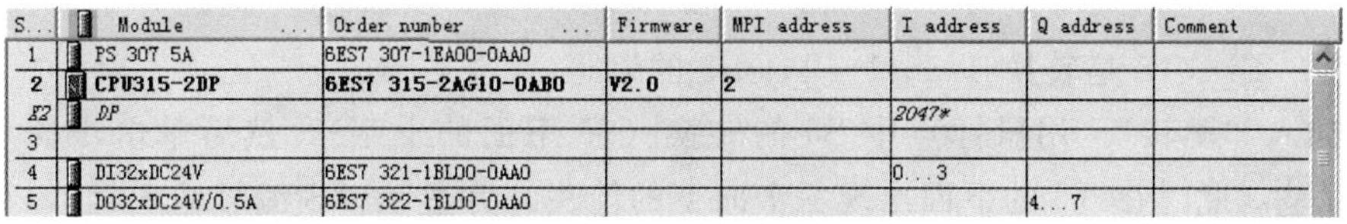

S...	Module	Order number	Firmware	MPI address	I address	Q address	Comment
1	PS 307 5A	6ES7 307-1EA00-0AA0					
2	CPU315-2DP	6ES7 315-2AG10-0AB0	V2.0	2			
X2	DP				2047*		
3							
4	DI32xDC24V	6ES7 321-1BL00-0AA0			0...3		
5	DO32xDC24V/0.5A	6ES7 322-1BL00-0AA0				4...7	

图 4 - 7 - 13　硬件配置

(3) 编辑符号表，见图 4 - 7 - 14。

Symbol Editor - [S7 Program(1) (Symbols) -- 信号灯GRAP...

	Status	Symbol	Address	Data type	Comment
1		Cycle Execution	OB 1	OB 1	主程序
2		信号灯	FB 1	FB 1	交通信号灯控制
3		Start	I 0.0	BOOL	启动按钮
4		STOP	I 0.1	BOOL	停止按钮
5		EW_R	Q 4.0	BOOL	东西向红灯
6		EW_Y	Q 4.1	BOOL	东西向黄灯
7		EW_G	Q 4.2	BOOL	东西向绿灯
8		SN_R	Q 4.3	BOOL	南北向红灯
9		SN_Y	Q 4.4	BOOL	南北向黄灯
10		SN_G	Q 4.5	BOOL	南北向绿灯
11					

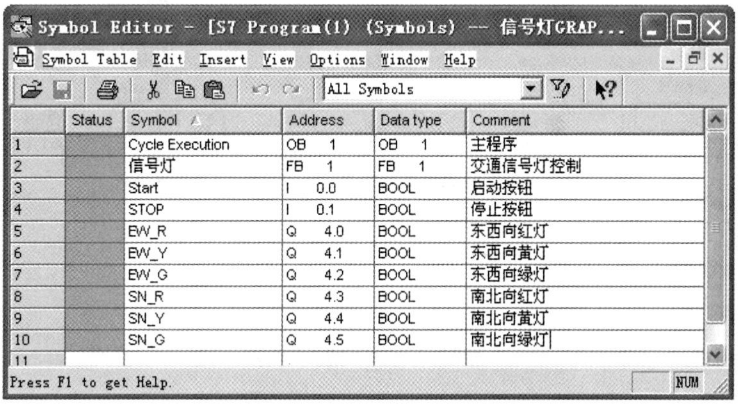

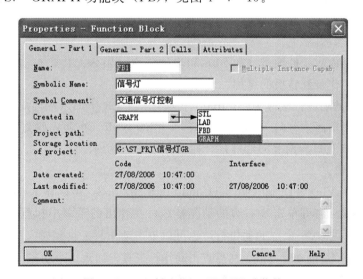

图 4 - 7 - 14　符号表

(4) 插入 S7 - GRAPH 功能块 (FB)，见图 4 - 7 - 15。

图 4 - 7 - 15　插入 S7 - GRAPH 功能块

（5）编辑 S7 - GRAPH 功能块（FB）。

1）规划顺序功能图。

a. 插入"步及步的转换"。在 S7 - GRAPH 编辑器内，用鼠标点中 S1 的转换（S1 下面的十字），然后连续单击 4 次"步和转换"的插入丁具图标 ，在 S1 的下面插入 4 个步及每步的转换，插入过程中系统自动为新插入的步及转换分配连续序号（S2～S5，，T2～T5）。

注意：T1～T5 是转换 Trans1～Trans5 的缩写。

b. 插入"跳转"。用鼠标点中 S5 的转换（S5 下面的十字），然后单击步的"跳转"工具图标 ，此时在 T5 的下面出现一个向下的箭头，并显示"S 编号输入栏"，如图 4 - 7 - 16 所示。

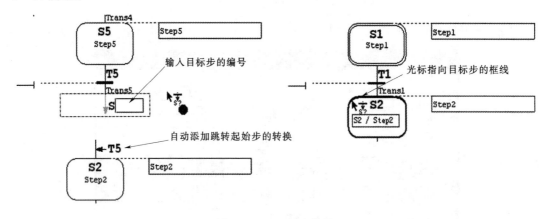

图 4 - 7 - 16　插入跳转

在"S 编号输入栏"内可以直接输入要跳转的目标步的编号，如要跳到 S2 步，则可输入数字"2"。也可以将鼠标直接指向目标步的框线，单击鼠标完成设置。设置完成自动在目标步 S2 的上面添加一个左向箭头，箭头的尾部标有起始跳转位置的转换，如 T5。这样就形成了单流程循环，如图 4 - 7 - 16 所示。

2）编辑步的名称。

表示步的方框内有步的编号（如 S1）和步的名称（如 Step1），点击相应项可以进行修改，不能用汉字作步和转换的名称。

将步 S1～S5 的名称依次改为"Initial（初始化）""ER _ SG（东西向红灯－南北向绿灯）""ER _ SY（东西向红灯－南北向黄灯）""EG _ SR（东西向绿灯－南北向红灯）""EY _ SR（东西向黄灯－南北向红灯）"，如图 4 - 7 - 17 所示。

3）动作的编辑。

执行菜单命令 View→DiSphywith→ConditionS ActionS，可以显示或隐藏各步的动作和转换条件，用鼠标右键单击步右边的动作框线，在弹出的菜单中执行命令 lnSert New Objec→Action，可插入一个空的动作行，也可以单击动作行工具 插入动作行。

a. 用鼠标点击 S2 的动作框线，然后点击动作行工具，插入 3 个动作行；在第 3 个动作行中输入命令"D"回车，第 2 行的右栏自动变为 2 行，在第 1 行内输入位地址，如 M0.0，

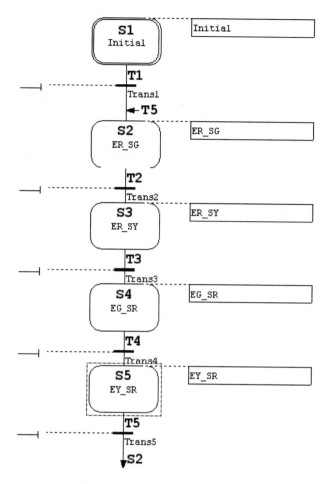

图 4 – 7 – 17　编辑步、转换及跳转

然后回车；在第 2 行内输入输入时间常数，如 T♯20S（表示延时 20s），然后回车。

　b. 按照同样的方法，完成 S3～S5 的命令输入，见图 4 – 7 – 18。

　4）编程转换条件。

　转换条件可以用梯形图或功能块图来编辑，用菜单 View→LAD 或 View→FBD 命令可切换转换条件的编程语言，下面介绍用梯形图来编辑转换条件。

　点击转换名右边与虚线相连的转换条件，在窗口最左边的工具条中点击常开触点、常闭触点或方框形的比较器（相当于一个触点），可对转换条件进行编程。

　按图 4 – 7 – 19 所示编辑转换条件，并完成整个顺序功能图的编辑。

　最后单击保存按钮保存并编译所做的编辑。若编译能通过，系统将自动在当前项目的 Blocks 文件夹下创建与该功能块（FBl）对应的背景数据块（如 DBl）。

　（6）在 OB1 中调用 S7 – GRAPH 功能块（FB）。

　1）设置 S7 – GRAPH 功能块的参数集。

　在 S7 – GRAPH 编辑器中执行菜单命令"Option"→"Block Setting"，打开 S7 – GRAPH 功能块参数设置对话框，本例将 FB 设置为标准参数集，见图 4 – 7 – 20。其他采

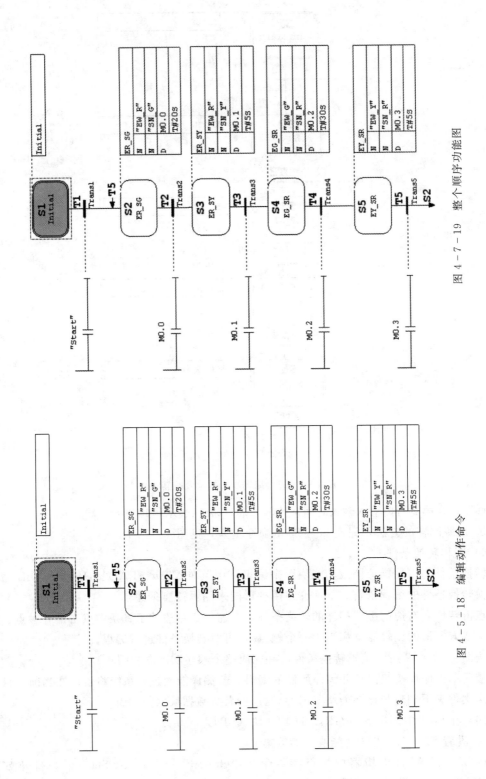

图 4 - 7 - 19　整个顺序功能图

图 4 - 5 - 18　编辑动作命令

用默认值，设置完毕保存 FB1。

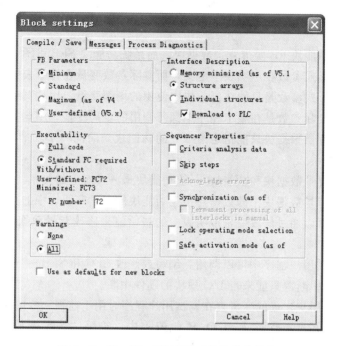

图 4 - 7 - 20　S7 - GRAPH 功能块的参数集

2）调用 S7 - GRAPH 功能块。

打开编辑器左侧浏览窗口中的 "FB Blocks" 文件夹，双击其中的 FB1 图标，在 OB1 的 Nework 1 中调用顺序功能图程序 FB1，在模块的上方输入 FB1 的背景功能块 DB1 的名称。

在 "INIT_SQ" 端口上输入 "Start"，也就是用启动按钮激活顺控器的初始部 S1；在 "OFF_SQ" 端口上输入 "Stop"，也就是用停止按钮关闭顺控器。最后用菜单命令 "File" → "Save" 保存 OB1。

3）用 S7 - PLCSIM 仿真软件调试 S7 - GRAPH 程序，见图 4 - 7 - 21。

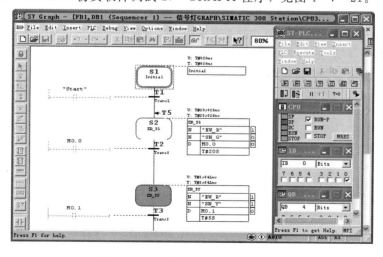

图 4 - 7 - 21　调试 S7 - GRAPH 程序

练 习 题

1. 判断题

（　　）（1）功能块 FB 要带背景数据块，而系统功能块 SFB 可不带背景数据块。

（　　）（2）形式参数在声明表中定义，而实际参数变量在符号表中定义。

（　　）（3）形式参数是只能在当前块中使用的局部变量，用""标记。

（　　）（4）实际参数是在整个程序中都可调用的全局变量，用♯标记。

（　　）（5）背景数据块只能指定给唯一的功能块，而同一个功能块可以和多个背景数据块建立赋值关系。

（　　）（6）背景数据块和功能块/系统功能块是一一对应的关系。

（　　）（7）背景数据块中的数据与指定功能块的变量声明表中的数据完全一样。

（　　）（8）可以通过修改变量声明表中的初始值来修改背景数据块中的对应数据初始值。

（　　）（9）在用户程序中可以调用、编写或修改 SFC 和 SFB。

（　　）（10）中断源只能来自 I/O 模块的硬件中断。

（　　）（11）用户生成的变量表在调试用户程序时用于监视和修改变量。

（　　）（12）在参考数据——I/Q/M 赋值表中，符号"×"表示该地址未被访问，可以自由使用。

（　　）（13）功能 FC 没有背景数据块，不能给功能的局部变量分配初始值。

（　　）（14）如果调用功能块 FB 时，没有给形参赋以实参，功能块就调用背景数据块中形参的数值。

（　　）（15）与功能块 FB 相比较，FC 需要配套的背景数据块 DB。

（　　）（16）OB10 经 OB1 调用后才能执行。

2. 功能 FC 和功能块 FB 有何区别？

3. 系统功能 SFC 和系统功能块 SFB 有何区别？

4. 组织块可否调用其他组织块？

5. 在变量声明表中，所声明的静态变量和临时变量有何区别？

6. 参照任务 4.3 举例，设计可以调用测量任意高度的基于 S7 - 300PLC 的液位测量程序，要求将水箱的参数转化为高度显示。

项目 5 西门子的 MPI 通信技术

任务 5.1 S7 – 200PLC 与 S7 – 300PLC 间的 MPI 通信应用

◆知识目标

认知 MPI 通信使用方法。

◆能力目标

能实现 S7 – 200PLC 与 S7 – 300PLC 间的 MPI 通信。

◆相关知识

S7 – 200 与 S7 – 300 之间采用 MPI 通信方式时，S7 – 200 PLC 中不需要编写任何与通信有关的程序，只需要将要交换的数据整理到一个连续的 V 存储区当中即可，而 S7 – 300 中需要在 OB1（或是定时中断组织块 OB35）当中调用系统功能 X ＿ GET（SFC67）和 X ＿ PUT（SFC68），实现 S7 – 300 与 S7 – 200 之间的通信，调用 SFC67 和 SFC68 时 VAR ＿ ADDR 参数填写 S7 – 200 的数据地址区，这里需填写 P♯DB1.×××BYTE n 对应的就是 S7 – 200 V 存储区当中 VB×× 到 VB（××＋n）的数据区。首先根据 S7 – 300 的硬件配置，在 STEP – 7 当中组态 S7300 站并且下载，注意 S7 – 200 和 S7 – 300 出厂默认的 MPI 地址都是 2，所以必须先修改其中一个 PLC 的站地址，例子程序当中将 S7 – 300

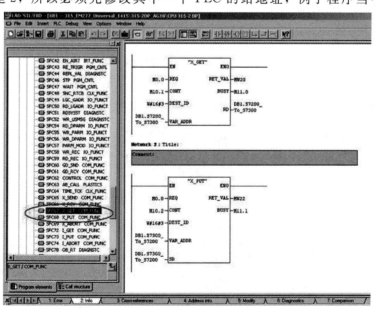

图 5 – 1 – 1　OB1 中调用数据读写功能块

MPI 地址设定为 2，S7 - 200 地址设定为 3，另外要分别将 S7 - 300 和 S7 - 200 的通信速率设定一致，可设为 9.6kbit/s、19.2kbit/s、187.5kbit/s 三种比特率，例子程序当中选用了 19.2kbit/s 的速率。例子程序在 OB1 中调用数据读写功能块：SFC67 和 SFC68，如图 5 - 1 - 1 所示。

分别在 STEP 7 MicroWin32 和 STEP 7 当中监视 S7 - 200 和 S7 - 300PLC 当中的数据，数据监视见图 5 - 1 - 2。

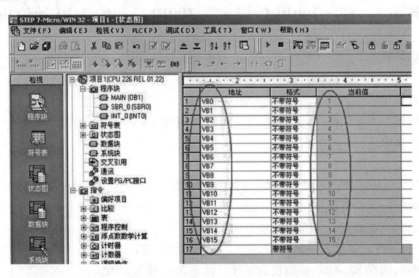

(a)

(b)

图 5 - 1 - 2　数据监视

通过 CP5611，STEP – 7 MicroWin32，Set PG/PC Interface 可以读取 S7 – 200 和 S7 – 300 的站地址，如图 5 – 1 – 3 所示。

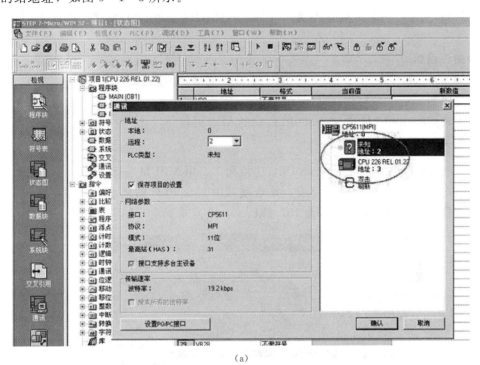

(a)

(b)

图 5 – 1 – 3　S7 – 200 数据监视

站地址 0 代表的时进行编程的 PG，即当前连接 PLC 的 PC0 。

任务 5.2　S7 – 300PLC 与 S7 – 300PLC 间的 MPI 通信应用

◆知识目标

认知 S7 – 300PLC 与 S7 – 300PLC 间的 MPI 通信使用方法。

◆能力目标

能实现 S7 – 300PLC 与 S7 – 300PLC 间的 MPI 通信。

◆相关知识

（1）用通信电缆将两台 S7 – 300PLC 连接起来，用 MPI 口进行连接。

（2）对两台 PLC 进行硬件组态，并修改其中一台 PLC 的地址，同时新建一条 MPI 网络，选择默认的比特率，一般为 187.5kbit/s，并点击确定，如图 5 – 2 – 1 所示。

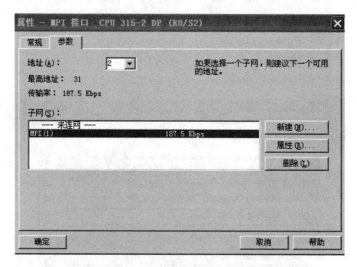

图 5 – 2 – 1　MPI 网络连接

将本台 PLC 的地址设置为 2，保存并且编译，同时组态另外一台 PLC 的硬件，点击第二条 CPU 栏，将该 CPU 挂在刚刚建立起来的 MPI 网络上，同时更改该 PLC 的站地址为 3 或者其他的（只要与刚刚的那台 PLC 不一样就 OK）保存并且编译、下载。

1）点击组态网络图标 。

2）这时出现如图 5 – 2 – 2 所示的画面。

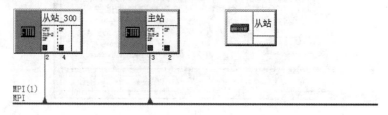

图 5 – 2 – 2　组态网络

3）可以清楚地看到两台 S7 - 300 的 PLC 已经被挂在了刚刚建立起来的 MPI 网络上，这时用鼠标右击那条 MPI 线，再出现的菜单上选择"定义全局参数"，将会出现如图 5 - 2 - 3 所示的画面。

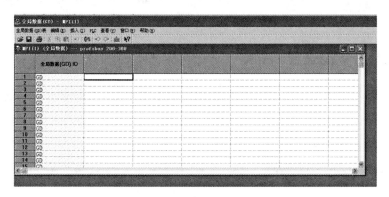

图 5 - 2 - 3　定义全局参数表

此时，鼠标双击第一块空白的灰色图标，出现如图 5 - 2 - 4 所示画面。

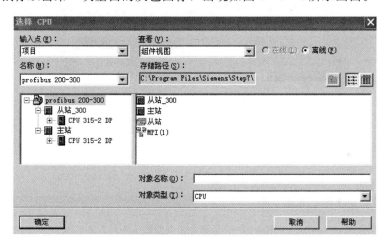

图 5 - 2 - 4　选择 CPU

双击主站的 CPU 图标，会出现如图 5 - 2 - 5 所示画面。

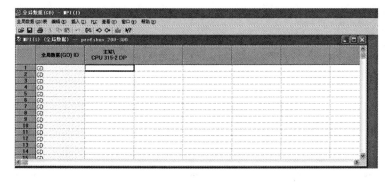

图 5 - 2 - 5　定义全局参数（一）

此时，用同样的方法将从站的 CPU 添加在第三块灰色的地方，此时将鼠标放在主站下面的第一个单元格的位置，见图 5-2-6。

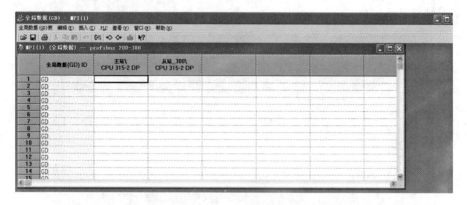

图 5-2-6　定义全局参数（二）

　　点击"选作发送器"图标 将出现如图 5-2-7 所示画面。

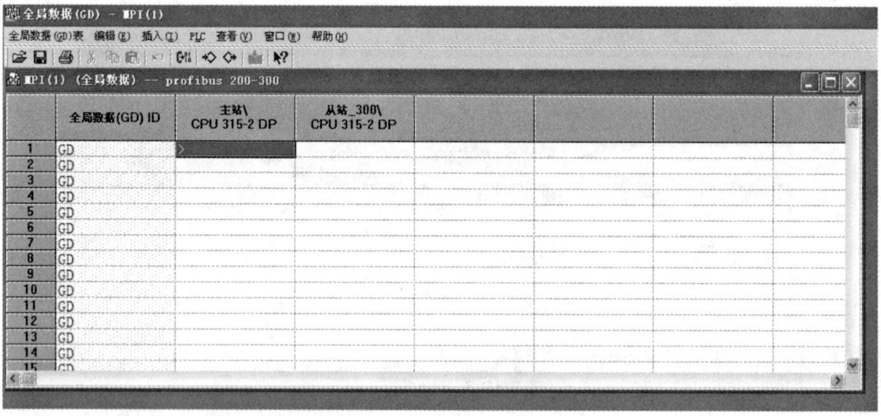

图 5-2-7　定义全局参数（三）

　　所在单元格将会变绿，然后在里边键入数据，见图 5-2-8。

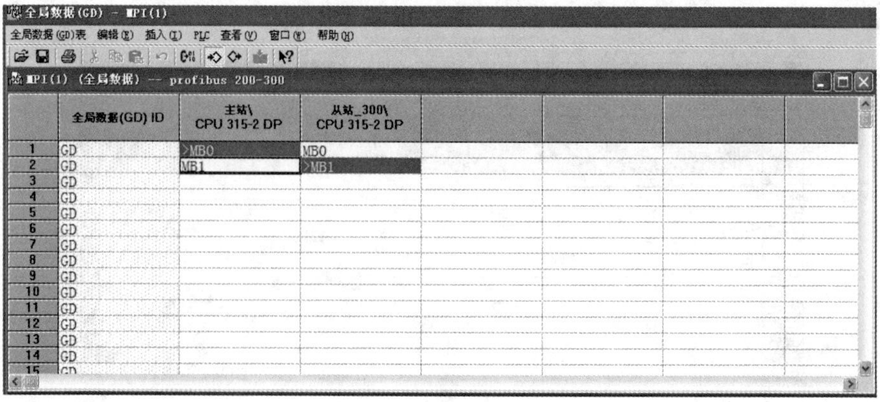

图 5-2-8　定义全局参数（四）

主站的 MB0 传送给从站的 MB0，将从站的 MB1 传送给主站的 MB1。最后点击编译按钮 ▣ ◆ ◇，完成 MPI 网络的组态。

练 习 题

填空题

（1）S7 – 200、S7 – 300 默认的 MPI 地址都是（   ），因此需将 S7 – 200 的 MPI 地址改为其他不重复的 MPI 地址。

（2）S7 – 300 与 S7 – 200 的 MPI 通信，只需在 S7 – 300 端编程，需要调用系统功能（   ）或（   ）。

项目6 西门子 PROFIBUS - DP 通信技术

任务6.1 认识现场总线 PROFIBUS - DP

◆**知识目标**

认知 PROFIBUS 总线的发展、组成和物理结构。

◆**能力目标**

能简述 PROFIBUS 总线的发展、组成和物理结构。

◆**相关知识**

6.1.1 PROFIBUS 的发展

PROFIBUS 是 Process Field Bus 的简称，是 1987 年德国联邦科技部集中了 13 家公司的 5 个研究所的力量，按 ISO/OSI 参考模型制订的现场总线德国国家标准，并于 1991 年 4 月在 DIN19245 中发表，正式成为德国标准。开始只有 PROFIBUS - DP 和 PROFIBUS - FMS，1994 年又推出了 PROFIBUS - PA，它引用了 IEC 标准的物理层（IEC1158 - 2，1993 年通过），从而可以在有爆炸危险的区域内连接本质安全型通过总线馈电的现场仪表，这使 PROFIBUS 更加完善。其发展历程如下：

1987 年，由 Siemens 公司等 13 家企业和 5 家研究机构联合开发；

1989 年，批准为德国工业标准 DIN 19245；

1996 年，批准为欧洲标准 EN 50170 V.2（PROFIBUS - FMS/- DP）；

1998 年，PROFIBUS—PA 批准纳入 EN 50170 V.2，并成立 PROFIBUS International（PI）；

1999 年，PROFIBUS 成为国际标准 IEC 61158 的组成部分（Type 3）；

2001 年，批准成为中国的行业标准 JB/T 10308.3—2001；

2003 年，PROFINET 成为国际标准 IEC 61158 的组成部分（Type 10）。

经过 20 多年的发展与不断完善以及推广，PROFIBUS 已经成为国际上使用非常广泛的一种现场总线。目前支持 PROFIBUS 标准的产品超过 1500 多种，分别来自国际上 250 多个生产厂家。截至 2007 年底，全球总共安装了超过 2300 万个 PROFIBUS 节点，其中 330 万个节点用于过程工业领域，其中 PROFIBUS PA 节点大约有 63 万个。所有重要的制造商都支持 PROFIBUS 标准，与此相关的产品和服务有 2500 多种。PROFIBUS 在现场总线技术领域成为国际市场上的领导者。先进的通信技术及丰富完善的应用行规使 PROFIBUS 成为目前市场上唯一能够全面覆盖工厂自动化和过程自动化应用的现场总线。

6.1.2　PROFIBUS 的组成

PROFIBUS 由 PROFIBUS - DP、PROFIBUS - PA、PROFIBUS - FMS 组成。

1. PROFIBUS - DP

PROFIBUS - DP 是一种高速低成本通信标准，用于设备级控制系统与分散式 I/O 的通信，适应于加工自动化领域，可取代办 24VDC 或 4～20mA 信号传输。PROFIBUS - DP 使用了 ISO/OSI 模型的第 1 层（物理层）、第 2 层（数据链路层），使网路获得较高的传输速率。

2. PROFIBUS - PA

PROFIBUS - PA 专为过程自动化设计，可使传感器和执行机构联在一根总线上，并有本征安全规范。PROFIBUS - PA 可用来替代 4～20mA 的模拟技术。PROFIBUS - PA 具有如下特性：

（1）适合过程自动化应用的行规使不同厂家生产的现场设备具有互换性。

（2）增加和去除总线站点，即使在本征安全地区也不会影响到其他站。

（3）在过程自动化的 PROFIBUS - PA 段与制造业自动化的 PROFIBUS - DP 总线段之间通过耦合器连接，并使可实现两段间的透明通信。

（4）使用与 IEC1158 - 2 技术相同的双绞线完成远程供电和数据传送。

（5）在潜在的爆炸危险区可使用防爆型"本征安全"或"非本征安全"。

3. PROFIBUS - FMS

PROFIBUS - FMS 用于车间级监控网络，是一个令牌结构、实时多主网络，适应于纺织、楼宇自动化等。

6.1.3　PROFIBUS 的物理结构

RS - 485 传输是 PROFIBUS 最常用的一种传输技术，RS - 485 传输技术基本特征：

（1）网络拓扑：线性总线，两端有有源的总线终端电阻。

（2）传输速率：9.6kbit/s～12Mbit/s。

（3）介质：屏蔽双绞电缆，也可取消屏蔽，取决于环境条件（EMC）。

（4）站点数：每分段 32 个站（不带中继），可多到 127 个站（带中继）。

（5）插头连接：最好使用 9 针 D 型插头。

PROFIBUS 使用屏蔽双绞电缆的传输速率有 9.6bit/s、19.2bit/s、93.75bit/s、187.5bit/s、500bit/s、1500bit/s、12000bit/s，对应的传输距离分别为 1200m、1200m、1200m、1000m、400m、200m、100m。

任务 6.2　ET200 与 S7 - 300 的 PROFIBUS - DP 通信应用

◆知识目标

认知 ET200 的类型和特点。

◆**能力目标**

能实现 ET200 的硬件组态和编程应用。

◆**项目任务**

通过 ET200 与 S7 - 300PLC 的 PROFIBUS - DP 通信，S7 - 300PLC 采集远程液位传感器的 4~20mA 电流，控制电动阀开和关。

◆**相关知识**

1. 认识 ET200

对于没有 DP 接口的仪表，可以通过 ET200 接到 PROFIBUS - DP 线。ET200 是 SIMATIC 家族中分布式 I/O 产品的统称，可与 SIMATIC S5，SIMATIC S7/M7/C7，SIMATIC programming device/PC，SIMATIC HMI 或非西门子公司的支持 Profibus 或 Profinet 的设备通信。ET200 类型分为：

（1）ET200S 是模块化、高度灵活的分布式 I/O 系统，可以集成电机启动器等，一个站最多可接 64 个子模块，见图 6 - 2 - 1 （a）。

（2）ET200M 是多通道模块化的分布式 I/O，采用 S7 - 300 全系列模块，最多可扩展 8 个模块，可以连接 256 个 I/O 通道，适用于大点数、高性能的应用；ET - 200M 户外型是为野外应用设计的，其温度范围可达－25~＋60℃；

（3）ET200is 其本质安全系统，通过紧固和本质安全的设计，适用于有防爆危险的区域。

（4）ET200X 是具有高保护等级 IP65/67 （NEMA4）的分布式 I/O 设备，功能相当于 S7 - 300 的 CPU314，最多 7 个具有多种功能的模块连接在以一块基板上，它封装在一个坚固的玻璃纤维的塑料外壳中，可以直接安装在机器上，用于有粉尘和水流喷溅的场合。

（5）ET200eco 是经济实用的 I/O，具有很高的保护等级 IP67，能应用于需要运行时更换模块的场所，见图 6 - 2 - 1 （b）。

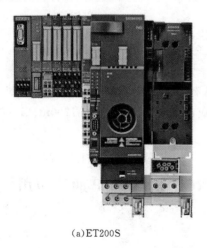  

(a)ET200S　　　　　　(b)ET200eco　　　　　　(c)ET200R

图 6 - 2 - 1　ET200 产品

（6）ET200R 是紧凑型 I/O，适用于机器人，用于恶劣的工业环境，能抗焊接火花的飞溅，见图 6 - 2 - 1（c）。

（7）ET200L 是小型和低成本的分布式 I/O，像明信片大小的 I/O 模块适用于小规模的任务，十分方便的安装在 DIN 导轨上。

（8）ET200B 整体式的一体化 I/O，精巧、紧凑，主要面向小型机械。有交流或直流的数字量 I/O 模块和模拟量模块，具有模块诊断功能。

2. 认识 ET200S

ET200S 是一款防护等级为 IP20 的按位设计的模块化 DP 从站，一般来说，一个典型的 ET200S 的站点主要由以下几个部分组成，见图 6 - 2 - 2。

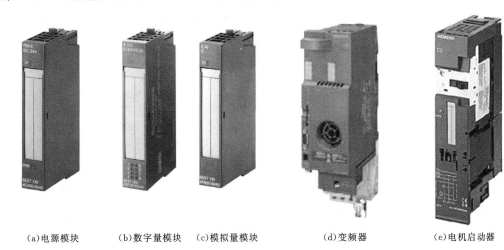

(a)电源模块　　　(b)数字量模块　　　(c)模拟量模块　　　　(d)变频器　　　　(e)电机启动器

图 6 - 2 - 2　ET200S 的模块

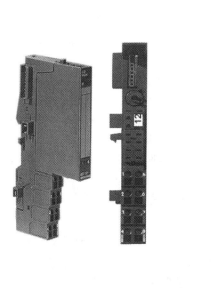

图 6 - 2 - 3　ET200S 的端子模块

（1）接口模块。

（2）电源模块。

（3）数字量输入输出模块。

（4）模拟量输入输出模块。

（5）功能模块。

（6）相关的端子模块，见图 6 - 2 - 3。

ET 200S 的功能模块主要包括高速计数器、电机启动器、变频模块、气动模块等，另外 ET 200S 还提供一个功能与 CPU314 功能相当的 CPU 模块。

ET200S 的常见类型见表 6 - 2 - 1。

表 6 - 2 - 1　　　　　　　　　IM151 接口模块各型号的技术参数

名称	IM151 - 1 Basic	IM151 - 1 Standard	IM151 - 1 High Feature	IM151 - 7 CPU	IM151 - 3 PN	IM151 - 7 F CPU
类型	基本型	标准型	高性能型	CPU 型	Profinet 型	故障安全型
I/O 地址区	88 字节输入 88 字节输出	244 字节输入 244 字节输出	244 字节输入 244 字节输出	128 字节输入 128 字节输出	256 字节输入 256 字节输出	244 字节输入 244 字节输出
扩展模块最大数量	12	63	63	63	63	63
安装长度		2m	2m	2m	2m	1m
通信	DPV0 从站 12M	DPV0 从站 12M	DPV0/V1 从站 12M	MPI/DP 从站 12M	Profinet 10/100M	MPI/DP 从站 12M
接口类型	DP RS485	DP RS485/FO	DP RS485	DP RS485/FO	光纤 RJ45	RS485/FO
环境温度	0～60℃	0～60℃	0～60℃	0～60℃	0～60℃	0～60℃

◆ 项目实施

6.2.1　组态 300 主站

1. 新建工程

利用 STEP 7 编程软件新建一个工程，工程名称为 DP_300_ET200，见图 6 - 2 - 4。

2. 插入 300 主站点

在项目管理窗口，从菜单："插入"→"站点"→"SMATIC 300 站点"插入 300 站点，见图 6 - 2 - 5。

在图 6 - 2 - 6 展开项目"DP_300_ET200"，点击"SIMATIC 300（1）"站点名称，右边出现"硬件"，双击"硬件"，打开硬件组态窗口，见图 6 - 2 - 7。

（1）插入机架。在图 6 - 2 - 7 右边硬件目录，展开"SIMATIC 300"→"RACK - 300"，插入机架。

图 6 – 2 – 4　新建项目对话框

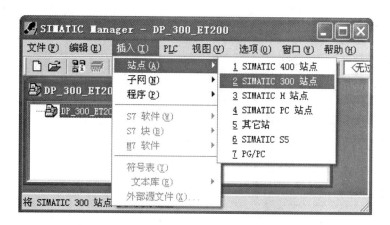

图 6 – 2 – 5　在项目中插入 300 站点

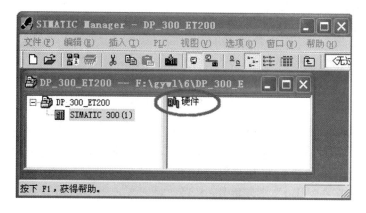

图 6 – 2 – 6　完成在项目中插入 300 站点

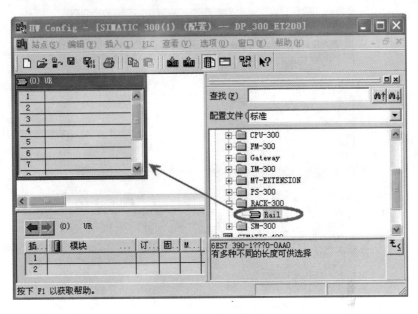

图 6 - 2 - 7 插入机架

（2）组态电源模块。展开"SIMATIC 300"→"SP - 300"，选取"SP 307 2A"电源模块插入机架 1 槽，见图 6 - 2 - 8。

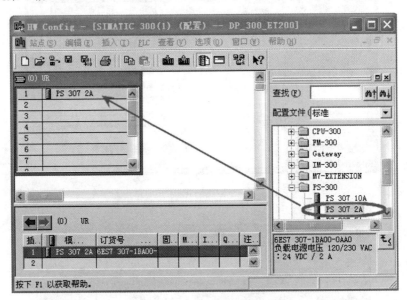

图 6 - 2 - 8 组态电源模块

（3）组态 CPU。展开"SIMATIC 300"→"CPU 300"→"CPU 315 - 2EH14 - OA-BO"，将"V3.1"插入到机架的 2 槽，见图 6 - 2 - 9。在弹出的对话框中单击"取消"。

（4）组态模拟量模块。展开"SIMATIC 300"→"SM"→"AI/AO - 300"，将"SM 334 AI4/AO2×8/8Bit"（订货号 6EST 334 - 0CE01 - 0AA0）插入到机架的 4 槽，

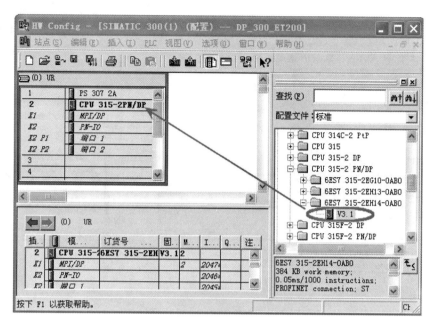

图 6 - 2 - 9　组态 CPU

STEP 7 自动分配 I 地址 256～263，Q 地址 256～259，即输入 4 个通道，输入 2 个通道，见图 6 - 2 - 10。

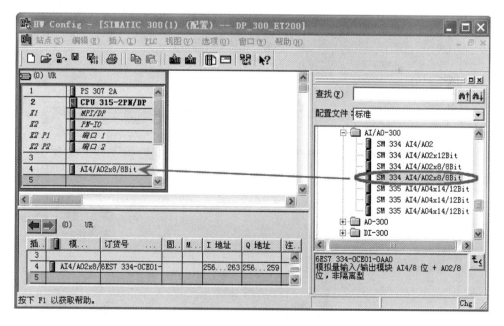

图 6 - 2 - 10　组态模拟量模块

（5）组态数字量模块。展开"SIMATIC 300"→"SM"→"DI/DO - 300"，将"SM 323 DI8/DO8×DC24V/0.5A"（订货号 6EST 323 - 1BH01 - 0AA0）插入到机架的 5 槽，STEP 7 自动分配 I 地址 4，Q 地址 4，各 8 个点，见图 6 - 2 - 11。

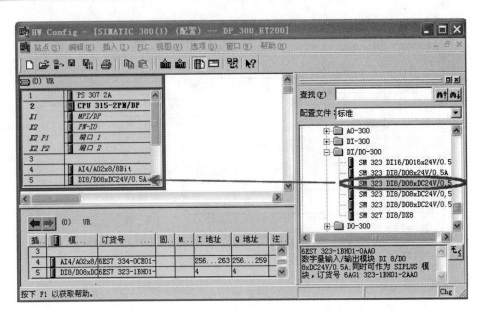

图 6 - 2 - 11 组态数字量模块

3. 配置 PROFIBUS - DP 总线

在硬件组态窗口双击机架 2 号槽中的 DP 槽，出现 MPI/DP 配置对话框，见图 6 - 2 - 12，将类型选择为"PROFIBUS - DP"，弹出 PROFIBUS 接口属性对话框。单击"新建"按钮弹出一个窗口，单击此窗口的"确定"按钮，出现图 6 - 2 - 13。

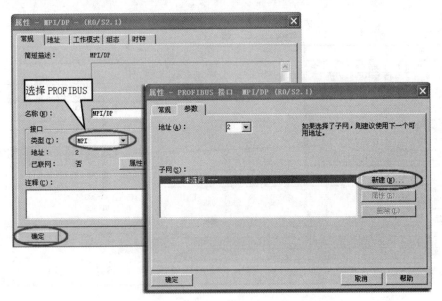

图 6 - 2 - 12 PROFIBUS - DP 配置

如果要修改通信速率，单击 PROFIBUS 接口属性对话框"属性"按钮，在弹出的窗口的网络配置选项卡中修改。在此使用默认值，单击"确定"按钮，返回 DP 属性窗口，

图 6-2-13 PROFIBUS 新建子网、接口属性对话框

如图 6-2-14 所示，已联网项显示"是"。

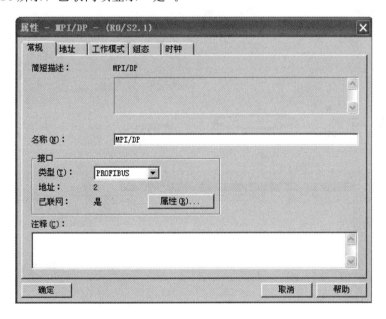

图 6-2-14 DP 属性对话框

单击"确定"按钮返回图 6-2-15，机架 2 号槽中的 DP 槽的右边出现一条 PROFI-BUS - DP 总线。

双击机架 2 槽中的"PN - IO"，弹出 Ethernet 接口属性窗口，将 IP 地址改写为与计算机同一个段上，见图 6-2-16，然后单击"确定"按钮返回硬件组态窗口。

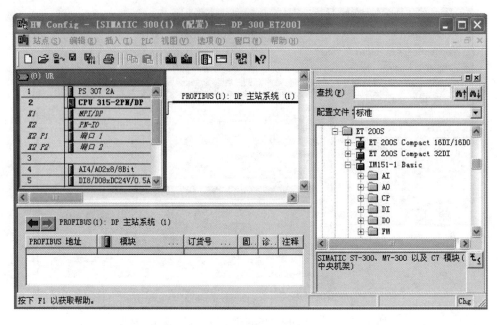

图 6‐2‐15　配置 DP 总线后的硬件组态窗口

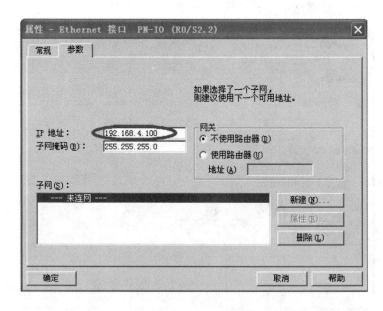

图 6‐2‐16　配置 Ethernet 接口的 IP 地址

6.2.2　组态从站

1. 组态 ET200S 从站

（1）组态 ET200S 接口模块。ET200S 在硬件目录的路径为"PROFIBUS‐DP"→ "ET200S"→"IM151‐1 Basic"，见图 6‐2‐17。将接口模块 IM151‐1 Basic 拖至左侧 PROFIBUS‐DP 总线上，见图 6‐2‐17，出现"＋"光标后，松开鼠标左键出现图

6-2-18所示的对话框，设置 ET200S 的总线地址为 3，此地址要与硬件的 DIP 设定物理地址一致。设置好地址后，单击确定按钮，对话框关闭，总线上 ET200S 从站图标。

提示： 如果硬件设备窗口没有 EM200S，必须加装 GSD 文件。

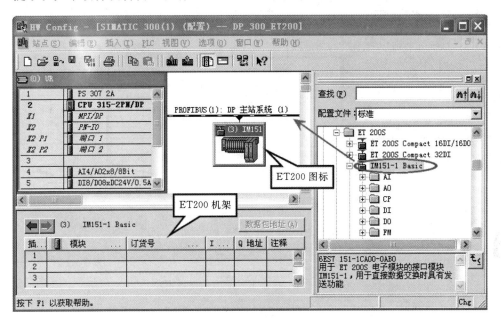

图 6-2-17 组态 ET200S 接口模块

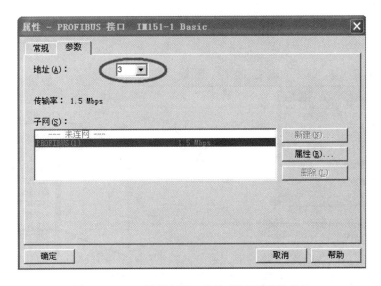

图 6-2-18 设置 ET200S 的 PROFIBUS 地址

（2）组态 ET200S 的电源模块。在图 6-2-19 右边硬件目录列表中展开"IM151-1 Basic"→"PM"，点击"PM-E DC24V"第二行，下方显示相符的订货号"6ES7 138-4CA01-0AA0"的电源模块，将此项插到左下角的 ET200S 机架的 1 插槽中。

（3）组态 ET200S 模拟量输入模块。在图 6-2-20 的右边硬件目录，继续展开

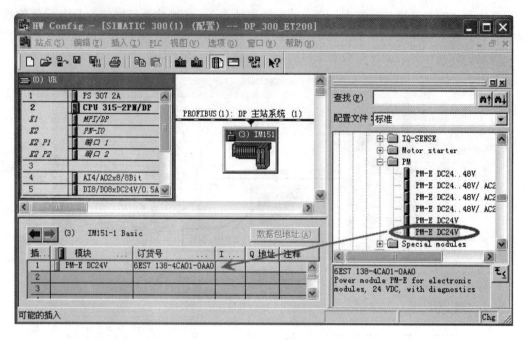

图 6 - 2 - 19　组态 EM200S 的电源模块

"IM151 - 1 Basic" — "AI"，将其下的 "2AI I 2WIRE ST"（订货号 6ES7 134 - 4JB50 - 0AA0）插入到窗口左下角 EM200S 机架的 2 插槽上，STEP - 7 自动分配模拟量输入 I 地址 256～259。如果要修改，双击此地址在弹出的对话框中修改。

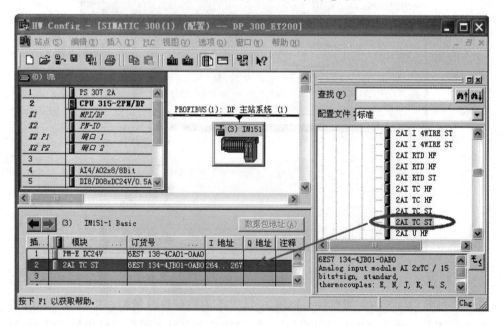

图 6 - 2 - 20　组态 EM200S 模拟量输入模块

（4）组态 ET200S 组态模拟量输出模块。在图 6 - 2 - 21 的右边硬件目录，继续展开

"IM151 - 1 Basic" — "AO"，将其下的 "2AO U ST"　（订货号 6ES7 135 - 4FB01 -
0AA0）插入到窗口左下角 EM200S 机架的 3 插槽上，STEP 7 自动分配模拟量输出模块
的 Q 地址 260~263，即两个输出通道地址为 PQW260 和 PQW262。如果要修改，双击此
地址在弹出的对话框中修改。

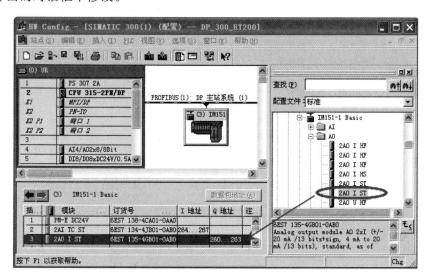

图 6 - 2 - 21　组态 EM200S 的模拟量输出模块

2. 配置 EM277 物理地址

EM277 物理地址由 DIP 开关设定，应与组态的 DP 地址一致，DIP 开关代表的地址
数字见表 6 - 2 - 2。

表 6 - 2 - 2　　　　　　　　　　DIP 开关设置通信地址说明表

DIP 开关编号	1	2	3	4	5	6	7
开关代表的地址数字	1	2	4	8	16	32	64
例1：地址为 3 时	ON	ON	OFF	OFF	OFF	OFF	OFF
例2：地址为 99 时，1+2+32+64=99	ON	ON	OFF	OFF	OFF	ON	ON

本项目 EM200S 地址为 3，应将 DIP
开关的 1 和 2 拨为 ON，其他为 OFF，见
图 6 - 2 - 22。

3. 下载组态硬件到 PLC

配置完成以后就可以回到硬件组态
窗口进行保存编译，然后将此配置下载
到 S7 - 300PLC。

下载后如果存在故障，会出现灯光
报警。ET200S 的常见故障指示及原因见
表 6 - 2 - 3。

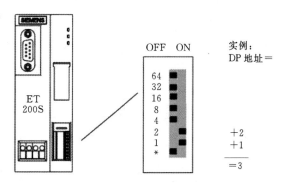

图 6 - 2 - 22　EM200S 的 DIP 开关

表 6‑2‑3   ET200S 的指示灯状态信息

事件（LED）			原　因	解　决　方　法
SF	BF	ON		
灭	灭	灭	接口模块上没有电压，或接口模块有硬件故障	接通接口模块上的 24V DC 电源电压
*	*	亮	接口模块上有电压	
*	闪烁	亮	接口模块未组态或组态错误。DP 主站与接口模块之间没有进行数据交换。原因： ·PROFIBUS 地址错误 ·组态错误 ·组态错误	·检查接口模块 ·检查组态和参数分配 ·检查 PROFIBUS 地址
*	亮	亮	传输率检测、非法 PROFIBUS 地址或底部 DIP 开关（PROFIBUS 地址）不在 OFF 位置。原因： ·响应监视间隔已过 ·通过 PROFIBUS DP 与接口模块的总线通信中断	在接口模块上设置有效的 PROFIBUS 地址（1 到 125），或检查总线组态。 ·检查是否正确插入总线连接器 ·检查总线电缆与 DP 主站之间的连接是否已断开 ·再次接通和断开接口模块上的 24V DC 电源电压
亮	*	亮	ET200S 的组态结构与 ET200S 的实际结构不符	检查 ET200S 结构是否缺少模块或模块有故障，或者是否插入了未组态的模块。 检查组态（例如，使用 COM PROFIBUS 或 STEP 7）并纠正参数分配错误
			I/O 模块中存在错误，或接口模块有故障	更换接口模块，或与西门子代理商联系
灭	灭	亮	DP 主站与 ET200S 之间正在进行数据交换，ET200S 的目标组态和实际组态相匹配	—

* 无关

4. 编程

为了实现本项目任务，还需要进行下面编程。ET200S 的一个模拟量输入模块有两路模拟量输入通道，可以将 4～20mA 电流自动串换为数字量 6400～27648。STEP 7 分配模拟量输入模块 I 地址为 264～267，则模拟量输入 1 和 2 通道对应存放数字量的地址分别为 PIW264 和 PIW266。本任务液位传感器接在 1 通道，S7‑300PLC 只需读取 PIW264 的数据，就可以采集到液位传感器的对应的数字量。

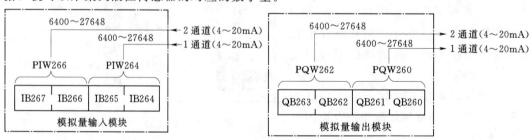

图 6‑2‑23　模拟量模块的模拟量与数字量关系

ET200S 的一个模拟量输出模块有两路模拟量输出通道，分别输出 4～20mA 电流。STEP 7 分配模拟量输出模块 Q 地址为 260～263，则模拟量输出 1 和 2 通道对应的地址为 PQW260 和 PQW262，300PLC 改写 PQW260 和 PQW262 中的数字（6400～27648），就可以分别控制两路输出电流的大小（4～20mA）。本任务的电动阀可以使用电流控制其开度，控制电流为 4mA 时阀门全关，20mA 时全开。电动阀接在 1 通道，S7 - 300PLC

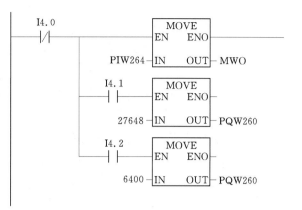

图 6 - 2 - 24　PLC 程序

只需分别将数字 6400 和 27648 传送到 PQW256，模拟量输出模块的 1 通道就会分别输出 4mA 和 20mA 的电流，实现阀门全关和全开，见图 6 - 2 - 23。PLC 程序见图 6 - 2 - 24。

　　系统数据及 OB1 主程序下载。由于 CPU 315 - 2EH14 - OABO 的 MPI 口和 DP 口共用一个接口，而且本项目启用了总线，下载硬件以后，PROFIBUS - DP 总线已占用此口，不能再下载程序，需要使用网线接口下载系统数据及 OB1 主程序。

任务 6.3　变频器与 S7 - 300PLC 的 PROFIBUS - DP 通信应用

　　◆知识目标

认知变频器与 S7 - 300PLC 的 PROFIBUS - DP 通信性通信报文。

　　◆能力目标

能实现变频器与 S7 - 300PLC 的 PROFIBUS - DP 通信的硬件组态和编程应用。

　　◆项目任务

S7 - 300PLC 通过 PROFIBUS - DP 通信，控制变频器启动和停止，输出频率为 25Hz。

　　◆相关知识

MM440 或 MM420 与 S7 - 300 的 PROFIBUS - DP 通信，变频器必须加装 PROFI-BUS - DP 通信接口模块。

MM440/MM420 周期性通信报文由两部分组成，由 PKW 区和 PZD 区（过程数据区），如图 6 - 3 - 1 所示。

　　◆项目实施

新建 300 主站工程。

1. 新建工程

利用 STEP 7 编程软件新建一个 300 主站工程，工程名称为 DP _ 300 _ MM420。

2. 硬件组态

（1）组态 300 主站，见图 6 - 3 - 2。

机架：RACK - 300 Rail。

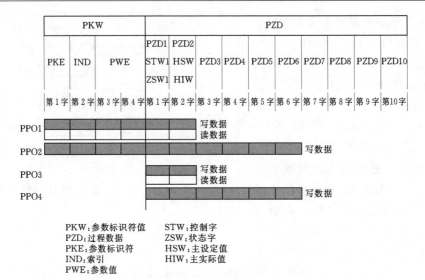

PKW：参数标识符值　　STW：控制字
PZD：过程数据　　　　ZSW：状态字
PKE：参数标识符　　　HSW：主设定值
IND：索引　　　　　　HIW：主实际值
PWE：参数值

图 6-3-1　MM440/MM420 周期性通信报文有效数据区域

电源：PS300 2A。

CPU：CPU 315C-2PN/DP（订货号 6ES7 315-2EH14-0AB0），有总线。

模拟量模块：订货号 6ES7 334-0CE01-0AA0。

数字量模块：订货号 6ES7 323-2BH01-0AA0。

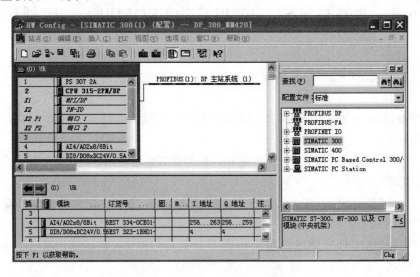

图 6-3-2　300 主站硬件组态图

（2）组态 MICROMASTER 4。

在硬件组态窗口右边的硬件目录展开文件夹"PROFIBUS-DP"→"SIMOVERT"，将 MICROMASTER 4 挂到总线上，设置 DP 地址为 5，与变频器 PROFIBUS-DP 通信接口模块上拨码的地址一致，见图 6-3-3。

提示：如果硬件设备窗口没有 MICROMASTER 4，必须加装 GSD 文件。

继续展开设备目录文件夹"MICROMASTER 4"，如图 6-3-5 将 PPO 3 项插到左下

角的 MICROMASTER 4 框架上。如果
MICROMASTER 4 框架没出现，点击挂在
PROFIBUS - DP 上的 MICROMASTER 4
图标，就会显示它的框架，见图 6 - 3 - 4。

STEP 7 自动分配 PLC 输入地址 I（表
示供 PLC 读取由变频器发送来的通信地址）
和输出地址 Q（表示 PLC 写到变频器的通信
地址）。其中 PLC 由地址 PQW260 写出的数
据是设定变频器的控制字 STW，由
PQW262 写出的数据是控制变频器的运行频
率；读入 PLC 的两个字数据 PIW256、
PIW258 则分别是变频器的状态字和实际运

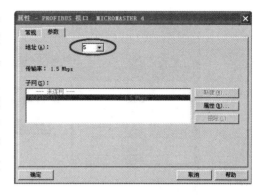

图 6 - 3 - 3　变频器 PROFIBUS - DP
通信接口地址设定

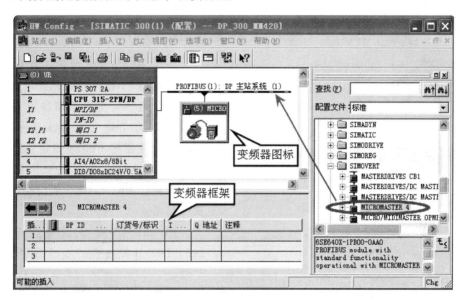

图 6 - 3 - 4　组态变频器

行频率。如果地址的起址设定不同，读写地址跟随变化，但地址长度规律是一样的。

提示： 在此 PLC 写控制命令到 Q260～Q263，系统则自动将命令发送到变频器，控
制变频器启停和频率；PLC 读取 I264～I267 的数据，就可以接收到由变频器传送来的工
作状态数据。

PPO1、PPO2、PPO3 的区别在于：

PPO1 可以写和读取变频器的参数、控制变频器的运行；

PPO2 没有输入模式，不能读变频器。可以写变频器的参数、控制变频器的运行；

PPO3 不能读写变频器的 PKW 区参数，但可以写与 PPO1 一样的内容，详见图
6 - 3 - 5。

MM440/430 支持 PPO1、PPO2、PPO3 和 PPO4，MM420 只支持 PPO1 和 PPO3。

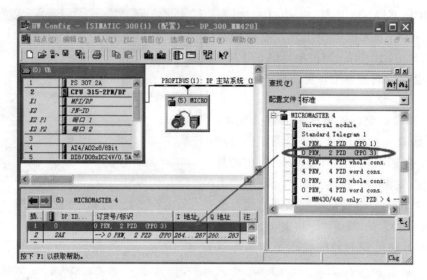

图 6-3-5　设置变频器参数过程数据对象（PPO）

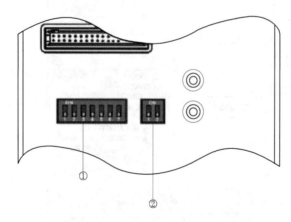

图 6-3-6　变频器 PROFIBUS-DP 通信
接口模块局部图
①—PROFIBUS 地址开关　②—仅西门子内部使用

3. 设置 MM420 的硬件地址

变频器 PROFIBUS 地址设置有两种方法：方法一是使用变频器的 DIP 开关设定；方法二是变频器 DIP 设置为 0 时，在变频器的 P0918 设定，DIP 地址不为 0 时，DIP 设定优先于 P0918。

变频器 PROFIBUS 通信接口模块局部图见图 6-3-6。

PROFIBUS 地址设置能够从 1～125，DIP 开关代表的地址数字见表 6-3-1。

因此，本项目 PROFIBUS 地址为 5，应将 DIP 开关的 1 和 3 拨为 ON，其他为 OFF。

表 6-3-1　　　　　　　　　　DIP 开关代表的地址数字表

DIP 开关编号	1	2	3	4	5	6	7
开关代表的地址数字	1	2	4	8	16	32	64
例1：地址为 5 时，1+4=5	ON	OFF	ON	OFF	OFF	OFF	OFF
例2：地址为 88 时，8+16+64=88	OFF	OFF	OFF	ON	ON	OFF	ON

4. 变频器参数设定

变频器参数设定见表 6-3-2，P927 参数设定说明表见表 6-3-3。

P927 指定可以用于更改参数的接口，采用缺省值 15，即 Bit0～Bit3 均为 1，PROFIBUS-DP 接口可用，其通信控制字定义见表 6-3-4，状态字定义见表 6-3-5。

表 6 - 3 - 2　　　　　　　　　　　　变频器需要设定的参数列表

参数	设置值	说　　明
P0918	5	PROFIBUS 地址（DIP 为 0 时 P0918 要设定）
P0719	0	命令和频率设定值的选择
P0700	6	命令源为 PROFIBUS
P1000	6	表示频率给定源为通信板，由通过 DP 读取该值
P0927	15	参数修改设置
P0010	0	使得变频器处于准备状态

表 6 - 3 - 3　　　　　　　　　　　　P927 参数设定说明表

位	内　　容	设　　置
Bit0	PROFIBUS - DP	0：不　1：是
Bit1	BOP	0：不　1：是
Bit2	BOP 链路的 USS	0：不　1：是
Bit3	COM 链路的 USS	0：不　1：是

表 6 - 3 - 4　　　　　　　　　　变频器 PROFIBUS - DP 通信控制字定义

位	值	含　义	注　释	停止 W♯16♯047E	正转 W♯16♯047F
0	1 0	ON OFF1	设定变频器到"准备运行"状态，方向由第 11 位来决定，当 $f < f_{min}$ 时，沿 RFG 的加速度失效	0	1
1	1 0	OFF2：按惯性自由停车	—	1	1
2	1 0	OFF3：快速停车	快速停止：以最快的加速度停车	1	1
3	1 0	操作脉冲使能	闭环控制并且变频器脉冲使能有效 闭环控制并且变频器脉冲使能无效	1	1
4	1 0	斜坡函数发生器（RFG）使能 斜坡函数发生器（RFG）无效	RFG 被设置成 0（最快的刹车模式），变频器保留在 ON 状态	1	1
5	1 0	RFG 开始 RFG 停止	RFG 提供的当前设置点禁止	1	1
6	1 0	设定值使能 设定值失效		1	1
7	1 0	故障确认	当给出一个上升沿时故障被确认	0	0
8	1 0	正向点动 —		0	0
9	1 0	反向点动 —		0	0
10	1 0	设定点有效 设定点无效	主站传送有效设置点（由 PLC 控制）	1	1

续表

位	值	含 义	注 释	停止 W#16#047E	正转 W#16#047F
11	1 0	设定值反向 设定点正向		0	0
12	1 0	—	没有使用	0	0
13	1 0	电动电位计（MOP）升速		0	0
14	1 0	电动电位计（MOP）降速 —		0	0
15	1 0	—	没有使用	0	0

表 6 – 3 – 5　　　　　　　　　变频器 PROFIBUS – DP 通信状态字定义

位	值	含 义	注 释
0	1 0	ON OFF1	电源合上，电了板已经初始化，脉冲封锁
1	1 0	变频器运行准备就绪 变频器运行没有准备	变频器在 ON 状态（ON 命令激活），没有故障。在"操作使能"时，变频器可以启动。原因：ON 命令未激活，故障存在，OFF2 或 OFF3 激活，启动禁止
2	1 0	变频器操作使能（止在运行） 变频器操作无效	参考控制字，位 3
3	1 0	变频器故障 —	看报警参数 R0947，驱动故障并不能操作，切换到启动禁止，直到消除和确认故障
4	1 0	OFF2 命令激活 —	参考控制字，位 1
5	1 0	OFF3 命令激活 —	参考控制字，位 2
6	1 0	禁止 on（接通）命令 没有禁止 on（接通）命令	仅能通过 OFFl 然后 ON 来启动
7	1 0	变频器报警	变频器仍能操作，看报警参数 R2110
8	1 0	设定值/实际值偏差不大 设定值/实际值偏差过大	
9	1 0	（过程数据）控制	
10	1 0	达到最大频率	变频器的输出频率等于设定的最大频率
11	1 0	— 电动机电流极限报警	
12	1 0	电动机抱闸制动投入	信号用来控制电动机抱闸制动投入
13	1 0	电动机过载	电机数据显示过载
14	1 0	电动机正向运行	
15	1 0	— 变频器过载	电流或温度

5. 编程

在项目管理窗口，见图 6 - 3 - 7，点击左边的"块"，然后双击右边的主程序"OB1"，打开编程窗口，选择编程语言为 LAD 梯形图。

根据图 6 - 3 - 8 分配的地址，本项目 PLC 通过 PROFIBUS - DP 发送控制变频器启停的地址为 QW260，控制运行频率的地址为 QW262。

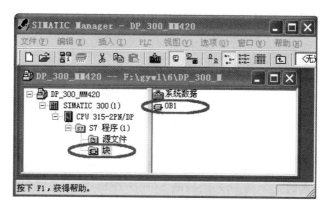

图 6 - 3 - 7　项目管理窗口

程序段 1：起动电机

```
    I4.0              MOVE
    ──┤├──        EN        ENO
                                
    W#16#47F ──── IN    OUT ─── QW260
```

程序段 2：停止电机

```
    I4.1              MOVE
    ──┤├──        EN        ENO
                                
    W#16#47F ──── IN    OUT ─── QW264
```

程序段 3：频率控制（数字 0～16384 对应 0～50Hz）

```
    I4.2              MOVE                              MOVE
    ──┤├──        EN        ENO                    EN        ENO
                                                          
    16384 ──── IN    OUT ─── MW0      MW0 ──── IN    OUT ─── QW262

    I4.3              MOVE
    ──┤├──        EN        ENO
                                
    8192 ──── IN    OUT ─── MW0
```

图 6 - 3 - 8　OB1 主程序梯形图

提示：通电首次运行时，必须先接通 I4.1，即将停止控制命令发给变频器，变频器才能进入停机准备运行状态，然后再接通 I4.0 就可以进入运行状态。

通过 PROFIBUS - DP 控制变频器频率的数字 0～16384 对应于 0～50Hz，与使用 PLC 模拟量模块控制变频器的数字 6400～27648 不同。

任务 6.4　S7 - 200 与 S7 - 300 的 PROFIBUS - DP 通信应用

◆**知识目标**

认知 S7 - 200 与 S7 - 300 的 PROFIBUS - DP 通信方法。

◆**能力目标**

能实现 S7 - 200 与 S7 - 300 的 PROFIBUS - DP 通信的硬件组态和编程应用。

◆**项目任务**

通过 S7 - 200PLC 与 S7 - 300PLC 的 PROFIBUS - DP 通信实现远程监控，S7 - 300PLC 的数字量输入的一个点 I4.0 能控制 S7 - 200PLC 数字量输出的一个点 Q0.0 的状态，并读取此状态，使得 300PLC 则数字量输出的一个点 Q4.0 的状态与其相同。

◆**相关知识**

S7 - 200 与 S7 - 300 的 PROFIBUS - DP 通信，必须设置 300 为主站，200 只能为从站。200 本身没有集成 DP 接口，因此，只能扩展 EM277 接口模块来连接到 PROFIBUS - DP 网络上，与 300 进行 PROFIBUS - DP 通信。

EM277 是带有 DP 接口的连接模块，它的左上方有两个拨码开关，用于设定它在 DP 网络中的物理地址，见图 6 - 4 - 7。每个拨码开关可以设定 0～9 的 10 个数字，其中第一个拨码开关的倍率是 10，另一个倍率是 1，因此，使用这两个拨码开关就可以组合出 0～99 个地址，设定的地址不能重复，而且要与 300 硬件组态时设定 EM277 的地址一致。如果在通电情况下更改拨码开关数字，必须将 EM277 停电，然后重新上电才能使更改的地址生效。

◆**项目实施**

6.4.1　组态 300 主站

1. 新建工程

利用 STEP - 7 编程软件新建一个工程，工程名称为 DP _ 300 _ 200。

2. 硬件组态

参照任务 6.2 完成 300 主站硬件组态，见图 6 - 4 - 1。

机架：RACK - 300 Rail。

电源：PS300 2A。

CPU：CPU 315C - 2PN/DP（订货号 6ES7 315 - 2EH14 - 0AB0），有总线。

模拟量模块：订货号 6ES7 334 - 0CE01 - 0AA0。

数字量模块：订货号 6ES7 323 - 2BH01 - 0AA0。

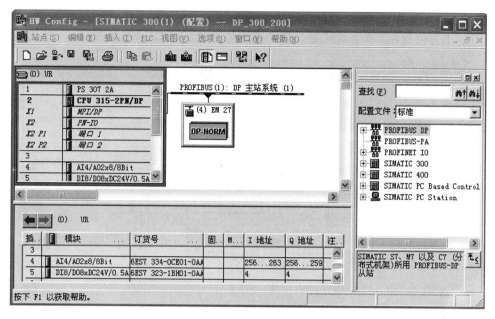

图 6 - 4 - 1　主站硬件组态

6.4.2　组态从站

1. 组态 EM277 从站

在硬件组态窗口右边，依次打开硬件目录"PROFIBUS - DP" → "Additional Field Devices" → "PLC" → "SIMATIC"，将"EM277 PROFIBUS - DP"拖至左侧 PROFI-BUS - DP 总线上，出现"+"光标后，松开鼠标左键图弹出如图 6 - 4 - 2 所示界面，设置 EM277 地址为 4，此地址要与硬件的 DIP 设定物理地址一致。

提示：如果硬件目录没有 EM277，必须加装 GSD 文件。

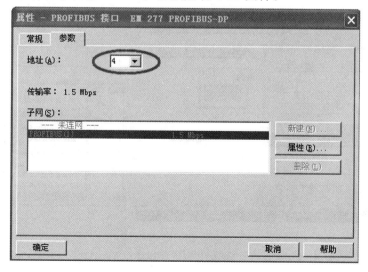

图 6 - 4 - 2　EM277 PROFIBUS - DP 属性对话框

单击图 6-4-2 中的"确定"按钮，返回硬件组态窗口，见图 6-4-3，总线上出现 EM277 的小方框图标，单击此图标，窗口左下角出现 EM277 的框架。

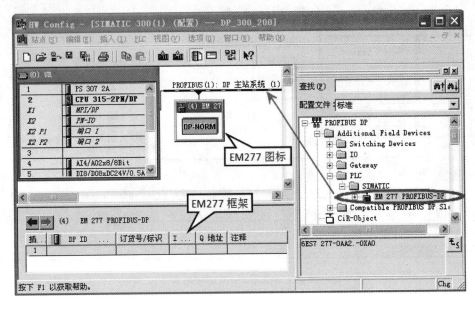

图 6-4-3　组态 EM277 模块

在图 6-4-4 的右边硬件目录，继续展开"EM277 PROFIBUS-DP"，根据通信数据长度，选择将相应的通信数据长度插入到窗口左下角 EM277 的机架上。在此选择 "2Bytes Out/2Bytes In"，可以发送和接收各 2 字节，STEP7 自动分配 S7-300 通信区输入 I 和输出 Q 地址均为 0～1，即 S7-300 的 IW0 用于接收 S7-200 发送来的数据，S7-300 的 QW0 用来发送数据给 S7-200。

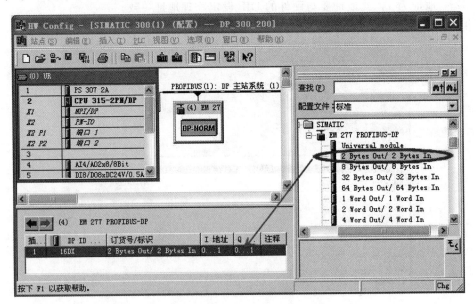

图 6-4-4　配置 EM277 通信区长度

2. 配置 S7 – 300 与 S7 – 200 的 PROFIBUS – DP 通信区的起始地址

（1）配置 S7 – 300 的 PROFIBUS – DP 通信区的起始地址。在图 6 – 4 – 4 的左下角 EM277 机架，双击第 1 槽"2Bytes Out/2Bytes In"，弹出如图 6 – 4 – 5 所示界面，就可以修改输入和输出地址。此处采用默认值，即输入：IB0 到 IB1（即 IW0），长度 2 字节；输出：QB0 到 QB1（即 QW0），长度 2 字节。单击"确定"按钮关闭 DP 从站属性对话框。

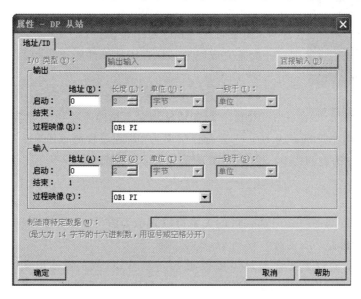

图 6 – 4 – 5　配置 S7 – 300 侧的通信区的起始地址

（2）配置 S7 – 200 的 PROFIBUS – DP 通信区的起始地址。在图 6 – 4 – 4 中双击 EM277 图标，弹出图 6 – 4 – 6。

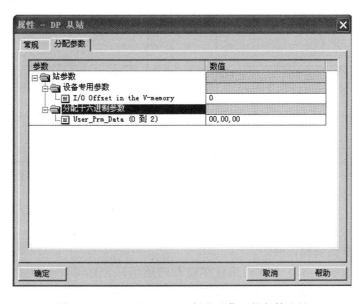

图 6 – 4 – 6　配置 S7 – 200 侧的通信区的起始地址

图 6 - 4 - 7 EM277 模块

S7 - 200 侧的通信区占用的是 V 存储区，由于前面组态 EM277 选择输入和输出通信数据长度都为 2 个字节，因此，STEP 7 自动分配 4 个字节的 V 存储区与之对应。在图 6 - 4 - 6 中的"I/O Ofiset in the V - memory"（V 存储区的 I/O 偏移量）用于设置 S7 - 200 侧通信区的起点，默认值从 V0 开始。此处采用默认值，则 VW0 用来接收 S7 - 300 侧发来的数据，VW2 用来向 S7 - 300 发送数据。

配置完成以后，保存编译硬件组态，然后将此配置下载到 S7 - 300PLC。

3. 配置 EM277 物理地址

EM277 物理地址为左上角两个旋钮的数字相加，每个旋钮数字 0 到 9，上面一个倍率为 10，下方旋钮倍率为 1，现设置与 STEP 7 一样的地址"4"，故设置倍率为 10 的旋钮为 0，倍率为 10 的旋钮为 4，见图 6 - 4 - 7。

6.4.3 编程

前述 S7 - 300 与 S7 - 200 通信区的关系可以表示为图 6 - 4 - 8，根据此关系，就可以确定项目解决的思路。

S7 - 300PLC 的数字量输入 I4.0 要控制 S7 - 200PLC 数字量输出 Q0.0 的状态，S7 - 300 只需要将 I4.0 状态传递给出通信区的 Q0.0，I4.0 的状态数据（0 或 1）就自动传送到 S7 - 200 侧的 V2.0，然后由 V2.0 控制 Q0.0，就实现了由 300 侧的 I4.0 控制 200 侧的 Q0.0。

S7 - 200PLC 将数字量输出 Q0.0 的状态传送到它的 V0.0，V0.0 中的数据自动传送到 S7 - 300 侧的 I0.0，再由 I0.0 控制 Q4.0，这样就实现了对远程 200PLC 的 Q0.0 监视。

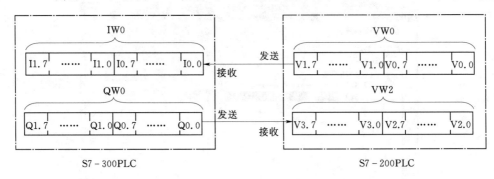

图 6 - 4 - 8 S7 - 300 与 S7 - 200 通信区的关系

（1）S7 - 300 侧编程，见图 6 - 4 - 9。

（2）S7 - 200 侧编程，见图 6 - 4 - 10。

提示：S7 - 300 与 S7 - 200 通信按照组态的通信区，自动发送与接收，如 200 侧的 VW0 发送到 300 侧的 IW0，300 侧的 QW0 发送到 200 侧的 VW2。本例通信发送和接收只使用各自 2 个字节中的 1 个位，如果还要发送其他数据，将数据传送到发送区剩余的位即可。

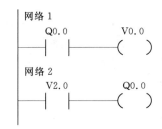

图 6 - 4 - 9　S7 - 300PLC 程序　　　　　图 6 - 4 - 10　S7 - 200PLC 程序

任务 6.5　S7 - 300 与 S7 - 300 的 PROFIBUS - DP 通信应用

◆**知识目标**

认知 S7 - 300 与 S7 - 300 的 PROFIBUS - DP 通信方法。

◆**能力目标**

能实现 S7 - 300 与 S7 - 300 的 PROFIBUS - DP 通信的硬件组态和编程应用。

◆**项目任务**

通过 S7 - 300PLC 与 S7 - 300PLC 的 PROFIBUS - DP 通信，主站 S7 - 300PLC 采集远程温度传感器的数值。

◆**相关知识**

S7 - 300 与 S7 - 300 的 PROFIBUS - DP 通信，可以设其中一个为主站，另一个为从站，实现主从通信。通信形式有两种：一是不打包方式，不需要调用功能块，但只能传送16 位长度数据；另一是打包方式，需要调用功能块。

◆**项目实施**

6.5.1　组态 300 主站

利用 STEP - 7 编程软件新建一个工程，工程名称为 DP_300_300，参照任务 6.2 进行主站硬件组态，见图 6 - 5 - 1。

机架：RACK - 300 Rail。

电源：PS300 2A。

CPU：CPU 315C - 2PN/DP（订货号 6ES7 315 - 2EH14 - 0AB0），有 DP 总线，IP：192.168.4.100。

模拟量模块：订货号 6ES7 334 - 0CE01 - 0AA0。

数字量模块：订货号 6ES7 323 - 2BH01 - 0AA0。

6.5.2　组态从站

1. 组态 300 从站

在项目管理窗口，点击工程名称 "DP_300_300"，激活 "插入" 菜单中的 "站点" 菜

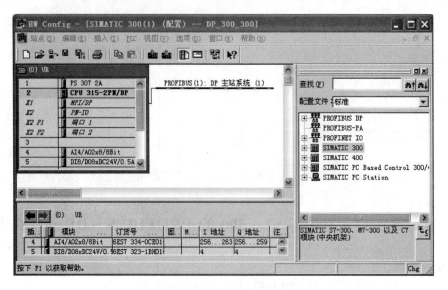

图 6 - 5 - 1　配置 DP 总线后的硬件组态窗口

单，再插入 300 站点，默认站点名称 SIMATIC 300（2），见图 6 - 5 - 2 和图 6 - 5 - 3。

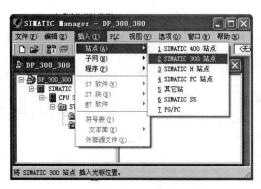

图 6 - 5 - 2　插入 300 从站

图 6 - 5 - 3　创建 SIMATIC 300
（2）从站后的项目管理窗口

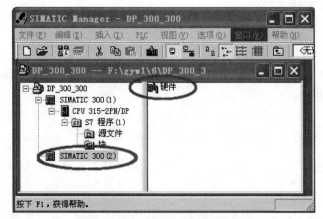

图 6 - 5 - 4　选中 SIMATIC 300（2）从站后的项目管理窗口

点击"SIMATIC 300（2）"站点名称，右边出现"硬件"，双击"硬件"，打开站点（2）的硬件组态窗口，然后依次插入机架、电源和 CPU 和模拟量模块，见图 6 - 5 - 4 和图 6 - 5 - 5。

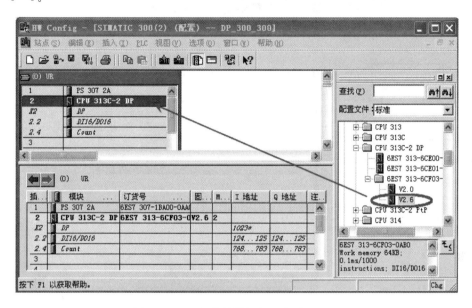

图 6 - 5 - 5 组态从站机架、电源和 CPU

展开硬件目录"SIMATIC 300"→"RACK - 300"，插入机架。

展开"SIMATIC 300"→"SP - 300"，选取"SP 307 2A"电源模块插入机架 1 槽。

展开"SIMATIC 300"→"CPU 300"→"CPU 313 - 6F03 - OABO"，将"V2.6"插入到机架的 2 槽。在弹出的对话框中单击"取消"。

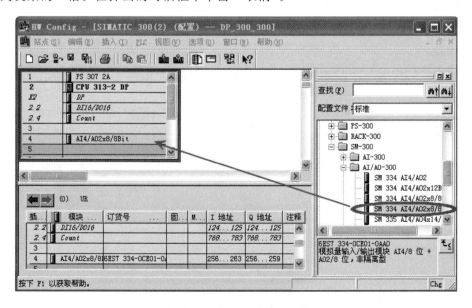

图 6 - 5 - 6 组态从站模拟量模块

在图 6－5－6 中双击机架 2 槽中的"DP"，弹出 MPI/DP 属性对话框，将接口类型改为"PROFIBUS"，弹出 PROFIBUS 接口属性对话框，见图 6－5－7。

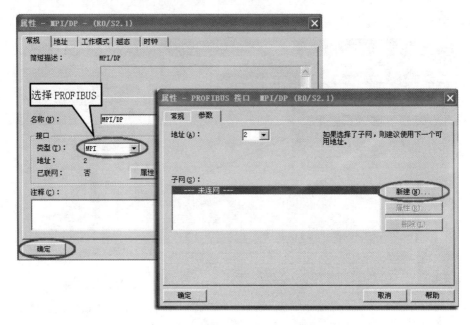

图 6－5－7　MPI/DP 属性对话框和 PROFIBUS 接口属性对话框

在新建子网 PROFIBUS 属性对话框，单击确定按钮，返回将 PROFIBUS 接口属性对话框，将 PROFIBUS 地址改为 5，见图 6－5－8。单击"确定"按钮，返回 MP/DP 属性窗口，已联网显示"是"，见图 6－5－9。

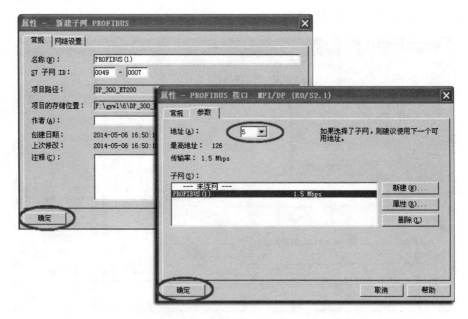

图 6－5－8　新建子网 PROFIBUS 属性对话框和 PROFIBUS 接口属性对话框

在图 6－5－9 单击"工作模式"选项卡，选择"DP 从站"，单击"确定"按钮，返回硬件组态窗口。

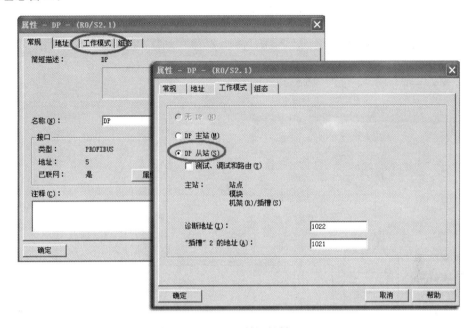

图 6－5－9　DP 属性对话框（一）

2. 配置 300 主从站通信区的起始地址

（1）配置 S7－300 从站通信区的起始地址。

　　双击图 6－5－6 所示的 300 机架的第 2 槽"DP"，弹出 DP 属性对话框，选择"组态"选项卡，见图 6－5－10。

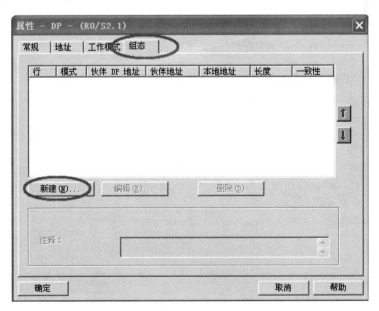

图 6－5－10　DP 属性对话框（二）

在图 6-5-10 单击"新建"按钮，弹出图 6-5-11 对话框，设定地址类型为输入，起始地址为 10、单位 1 字节。单击"确定"按钮。

提示： 通信区地址设定不重复即可。

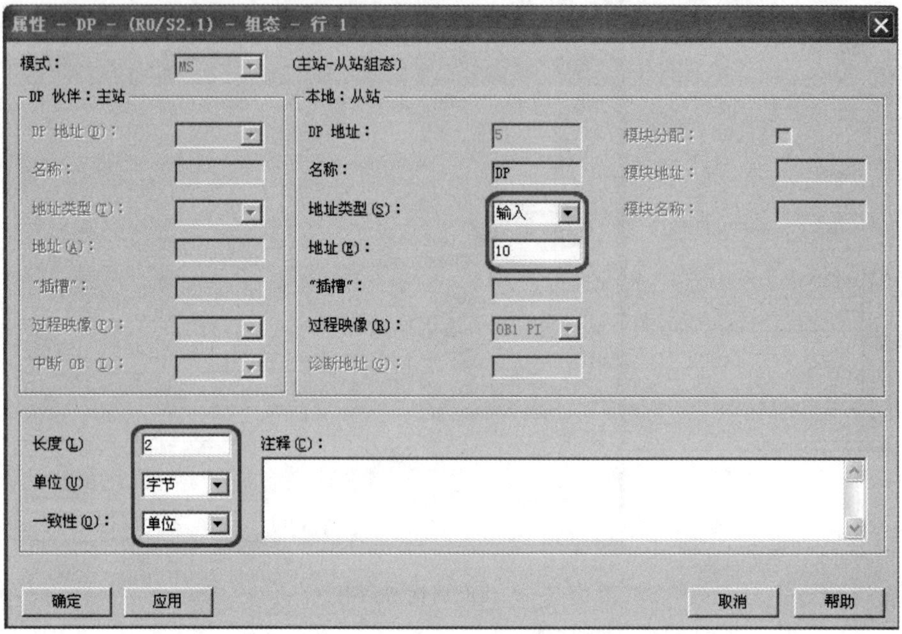

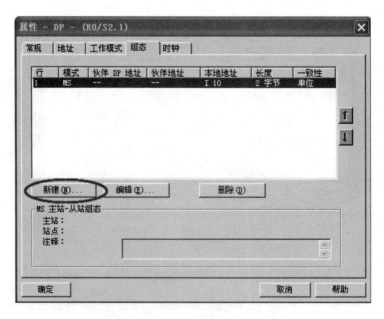

图 6-5-11 设置主站通信区输入起始地址及长度

单击"确定"按钮，关闭 DP 通信组态对话框，返回 DP 属性对话框，见图 6-5-12。

图 6-5-12 DP 属性对话框（三）

再次单击"新建"按钮，设定地址类型为输出，起始地址为 10、单位 1 字节，见图 6‑5‑13。单击"确定"按钮，关闭 DP 通信组态对话框，返回 DP 属性对话框，见图 6‑5‑14。

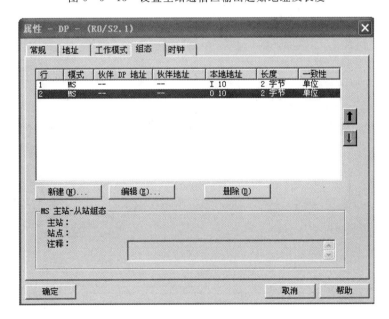

图 6‑5‑13　设置主站通信区输出起始地址及长度

图 6‑5‑14　DP 属性对话框（四）

单击"确定"按钮，返回主站 SIMATIC 300（1）硬件组态窗口。保存编译后关闭从站硬件组态窗口。

（2）配置 300 主站通信区的起始地址。

打开主站 SIMATIC 300（1）的硬件组态窗口，在硬件目录展开 "PROFIBUS - DP" → "Configured Stations"，见图 6 - 5 - 15。因为从站的 CPU 为 313，故按住鼠标左键将 "CPU 31x" 推到总线上，出现 "＋" 字光标时，松开左键，弹出如图 6 - 5 - 16 所示界面。

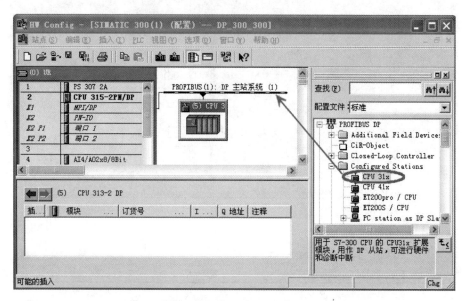

图 6 - 5 - 15　在主站硬件组态窗口配置连接从站

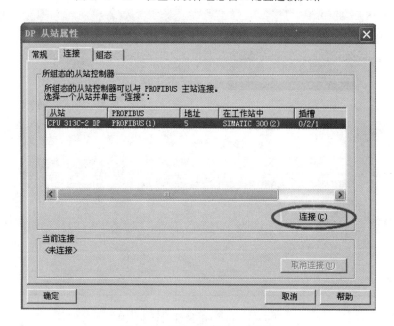

图 6 - 5 - 16　从站属性对话框

单击 "连接" 按钮，弹出如图 6 - 5 - 17 所示界面。

图 6-5-17　"连接"后的从站属性对话框

单击"确定"按钮，返回主站 SIMATIC 300（1）的硬件组态窗口。

在图 6-5-15 双击总线上从站图标，弹出如图 6-5-18 所示 DP 从站属性对话框，显示从站已经设置的通信区的输入和输出地址。

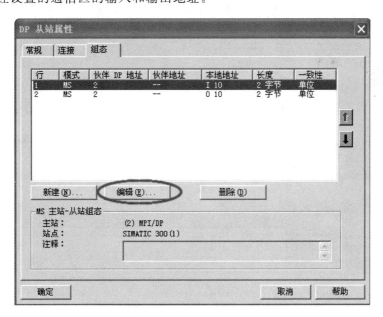

图 6-5-18　DP 从站属性对话框

选择第 1 行，单击"编辑"按钮，弹出"DP 从站属性-组态-行 1"对话框，在左边主站设置地址类型为"输出"，地址（即起始地址）为 20，长度 1 字节，见图 6-5-19。

同样方法，编辑 2 行，在左边主站设置地址类型为"输入"，地址（即起始地址）为

图 6 - 5 - 19 配置 DP 主站输出通信区地址

20，长度 1 字节，见图 6 - 5 - 20。单击"确定"按钮，关闭对话框。

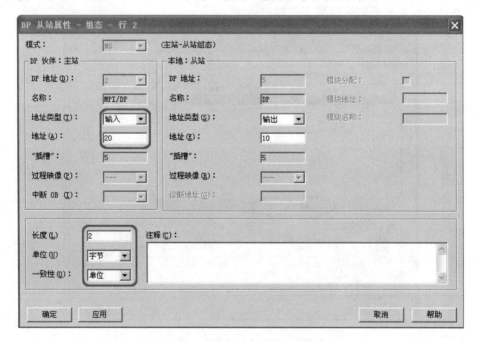

图 6 - 5 - 20 配置 DP 主站输入通信区地址

单击"确定"按钮，配置完成，见图 6 - 5 - 21 返回 SIMATIC 300 （1） 硬件组态窗口，保存编译，然后将此配置下载到 S7 - 300 主站 PLC。

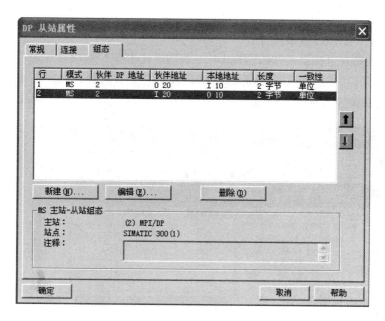

图 6 - 5 - 21　完成主站通信区后的 DP 从站属性对话框

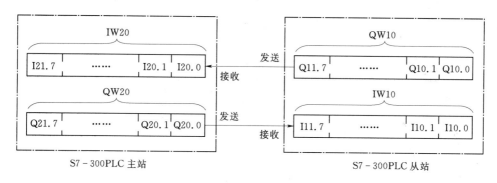

图 6 - 5 - 22　S7 - 300 主从站通信区的关系

6.5.3　编程

前述 S7 - 300 主站与 S7 - 300 从站通信区的关系可以表示为图 6 - 5 - 22 的形式，根据此关系，就可以确定项目解决的思路：若温度传感器接在从站模拟量模块的 1 通道，则温度对应数字量在 PIW256，数字量范围 6400～27648。因此使用 FC105 将数字量量化为 0～100，并送到 QW10，温度参数就通过 DP 总线送至主站 IW10。

（1）S7 - 300 从站侧编程，见图 6 -

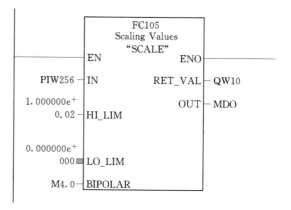

图 6 - 5 - 23　300 从站 OB1 程序梯形图

5-23。

（2）S7-300 主站监视温度参数。

S7-300 主站通过变量表在线监视 IW20 观察温度参数。在项目管理窗口，单击主站 SIMATIC 300（1）下的"块"，然后在窗口右边点击鼠标右键，选择快捷菜单"插入新对象"→"变量表"，就可以插入变量表，见图 6-5-24。

图 6-5-24 300 主站插入变量表操作

在图 6-5-25 双击变量表图标，打开变量表，见图 6-5-26，在地址列输入要监视的地址 IW20，点击工具栏 6⁰ 图标，就可以在线观察温度参数。

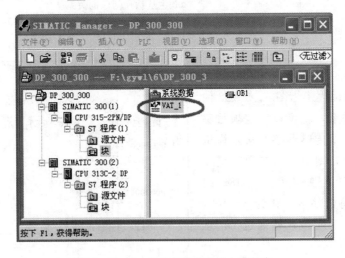

图 6-5-25 300 主站完成插入变量表

图 6 - 5 - 26　变量表

练　习　题

1. 填空题

（1）PROFIBUS 由（　　）、（　　）和（　　）组成。

（2）PROFIBUS 传输速度（　　）～（　　）bit/s。

（3）S7 - 200 没有 PROFIBUS - DP 网络接口，需要通过（　　）接口模块才能接到 PROFIBUS - DP 网络上。

（4）当变频器的 PROFIBUS 地址为 0 时，变频器的 PROFIBUS 地址由 P（　　）设定。

（5）变频器的 PROFIBUS - DP 通信的停止控制字为（　　），正转控制字为（　　）。

（6）S7 - 300PLC 通过 DP 总线控制变频器，数字量（　　）使变频器运行在 50Hz。

2. ET200S 主要由哪几部分组成？

项目 7　工业以太网通信技术

任务 7.1　认识工业以太网

◆**知识目标**

认知工业以太网的特点和体系结构，认知西门子工业以太网 PROFINET 的技术特点。

◆**能力目标**

能简述西门子工业以太网 PROFINET 的技术特点。

◆**相关知识**

现场总线控制系统（FCS）的发展改变了工业控制系统的结构，具有开放、分散、数字化、可互操作性等特点，有利于自动化系统与信息系统的集成。但是其缺点也很明显，主要表现在以下几个方面：①迄今为止现场总线的通信标准尚未统一，这使得各个厂商的仪表设备难以在不同的 FCS 中兼容；②带宽比较小，随着仪器仪表智能化的提高，传输的数据也必将趋于复杂，未来传输的数据可能已不满足于几个字节，所以网络传输的高速性在工业控制中越来越重要；③与商业网络集成困难，现有现场总线标准大都无法直接与互联网连接，需要额外的网络设备才能完成通信。由于上述原因，FCS 在工业控制中的推广应用受到了一定的限制。

而工业以太网可以很好地解决上述问题，工业以太网采用 IEEE802.3 协议，它是一个开放标准，以太网的数据传输速度已经达到千兆级别，以太网作为高速现场总线结构的主体，可以使现场总线技术与计算机网络技术很好的融合。工业以太网的引入将为控制系统的后续发展提供可能性，其低成本、高实效、高扩展性的特点正吸引着越来越多的制造业厂商。

7.1.1　以太网技术

以太网是一种计算机局域网组网技术。IEEE 制定的 IEEE802.3 标准给出了以太网技术的标准，规定了包括物理层的连线、电信号和介质访问层协议的内容。以太网的标准拓扑结构为总线拓扑，但目前的快速以太网（100BAST - T、1000BASE - T 标准）为了最大程度地减少冲突、最有效地提高网络速度和使用效率，使用交换机进行网络连接和组织，以太网的拓扑结构成了星型，但在逻辑上，以太网仍然使用总线型拓扑。

按照 ISO 的 OSI 七层结构，以太网标准只定义了数据链路层和物理层，作为一个完整的通信系统。以太网在成为数据链路和物理层的协议之后，就与 TCP/IP 紧密地捆绑在一起了。由于后来国际互联网采用了以太网和 TCP/IP 协议，人们甚至把如超文本链接

HTTP 等和 TCP/IP 协议组放在一起，称为以太网技术。

以太网可以采用多种连接介质，包括同轴缆、双绞线和光纤等。其中双绞线多用于从主机到集线器或交换机的连接，而光纤则主要用于交换机间的级联和交换机到路由器间的点到点链路上。

以太网作为一种原理简单、便于实现同时又价格低廉的局域网技术已经成为业界的主流，而更高性能的快速以太网和千兆以太网的出现更使其成为最有前途的网络技术。而工业以太网是专门为工业应用环境设计的标准以太网。工业以太网在技术上与传统以太网（即 IEEE802.3 标准）兼容，工业以太网和标准以太网的异同可以比之工业控制计算机和商用计算机的异同。以太网要满足工业现场的需要，需达到适应性、可靠性、本质安全等要求。

7.1.2 工业以太网与传统以太网的区别

1. 工业以太网体系结构

工业以太网在传统以太网基础上发展而来，它的体系结构基本上采用了以太网的标准结构。对应于 ISO/OSI 通信参考模型，工业以太网协议在物理层和数据链路层均采用了802.3 标准，在网络层和传输层则采用被称为以太网"事实上标准"的 TCP/IP 协议簇，在高层协议上，工业以太网通常省略了会话层、表示层，而定义了应用层，有的工业以太网还定义了用户层，见图 7-1-1。

应用层	应用协议
表示层	
会话层	
传输层	TCP/UDP
网络层	IP
数据链路层	以太网 MAC
物理层	以太网物理层

图 7-1-1 工业以太网与 OSI 互联参考模型的分层对照

2. 工业以太网通信实时性

与普通的以太网不同，在现场级网络中传输的往往都是工业现场的 I/O 信号以及控制信号，从控制安全的角度来说，系统对这些来自于现场传感器的 I/O 信号要能够及时获取，并及时作出响应，将控制信号及时准确的传递到相应的动作单元中。因此，现场级通信网络对通信的实时性和确定性有极高的要求。所以对于有严格时间要求的控制应用场合，要提高现场设备的通信性能，要满足现场控制的实时性要求，需要开发实时以太网技术。

3. 工业以太网设备环境适应性和可靠性要求

传统以太网是按办公环境设计的，而工业以太网将用于工业控制环境，所以在产品的设计时要特别注重材质、元器件的选择，使产品在强度、温度、湿度、振动、干扰、辐射等环境参数方面满足工业现场的要求。表 7 - 1 - 1 是工业以太网设备与传统以太网设备参数对比。

表 7 - 1 - 1　　　　　　　　工业以太网设备与传统以太网设备对比

	工业以太网设备	传统以太网设备
元器件	工业级	商业级
接插件	耐腐蚀、防尘、防水，如加固型 RJ45、DB - 9、航空接头等	一般 RJ45
工作电压	24VDC	220VAC
电源冗余	双电源	一般没有
安装方式	可采用 DIN 导轨或其他固定安装	桌面、机架等
工作温度	−40～85℃ 或 - 20～70℃	5～40℃
电磁兼容标准	EN 50081 - 2（工业级 EMC） EN 50082 - 2（工业级 EMC）	EN 50081 - 2（办公室用 EMC） EN 50082 - 2（办公室用 EMC）
MTBF 值	至少 10 年	3～5 年

4. 工业以太网的安全性

工业级以太网还需要适应恶劣的工业应用环境，例如石油化工等应用场合，则必须解决总线供电、本质安全防爆等问题。网络传输介质在传输信号的同时，还可以为网络上的设备提供工作电源，称之为总线供电。一种可能的解决方案是利用现有的 5 类双绞线中的空闲线对网络节点设备进行供电。另外，工业以太网要用在一些易燃易爆的危险工业场所，就必须考虑本质安全防爆问题。

7.1.3　西门子工业以太网

PROFINET 由 PROFIBUS 国际组织推出，是新一代基于工业以太网技术的自动化总线标准。作为一项战略性的技术创新，PROFINET 为自动化通信领域提供了一个完整的网络解决方案，囊括了诸如实时以太网、运动控制、分布式自动化、故障安全以及网络安全等当前自动化领域的热点话题，并且，作为跨供应商的技术，可以完全兼容工业以太网和现有的现场总线（如 PROFIBUS）技术。

1. PROFINET 实时通信

根据响应时间的不同，PROFINET 支持下列三种通信方式。

（1）TCP/IP 标准通信。

PROFINET 基于工业以太网技术，使用 TCP/IP 和 IT 标准。TCP/IP 是 IT 领域关于通信协议方面事实上的标准，尽管其响应时间大概在 100 ms 的量级，不过，对于工厂控制级的应用来说，这个响应时间就足够了。

（2）实时（RT）通信。

对于传感器和执行器设备之间的数据交换，系统对响应时间的要求更为严格，因此，PROFINET 提供了一个优化的、基于以太网第二层（Layer 2）的实时通信通道，通过该实时通道，极大地减少了数据在通信栈中的处理时间，PROFINET 实时通信（RT）的典型响应时间是 5～10ms。

（3）同步实时（IRT）通信。

在现场级通信中，对通信实时性要求最高的是运动控制（motion control），PROFINET 的同步实时（isochronous real-time，IRT）技术可以满足运动控制的高速通信需求，在 100 个节点下，其响应时间要小于 1ms，抖动误差要小于 1μs，以此来保证及时的、确定的响应。

2. PROFINET 分布式现场设备

通过集成 PROFINET 接口，分布式现场设备可以直接连接到 PROFINET 上。对于现有的现场总线通信系统，可以通过代理服务器实现与 PROFINET 的透明连接。例如，通过 IE/PB Link（PROFINET 和 PROFIBUS 之间的代理服务器）可以将一个 PROFIBUS 网络透明的集成到 PROFINET 当中，PROFIBUS 各种丰富的设备诊断功能同样也适用于 PROFINET。对于其他类型的现场总线，可以通过同样的方式，使用一个代理服务器将现场总线网络接入到 PROFINET 当中。

3. PROFINET 运动控制

通过 PROFINET 的同步实时（IRT）功能，可以轻松实现对伺服运动控制系统的控制。在 PROFINET 同步实时通信中，每个通信周期被分信成两个不同的部分，一个是循环的、确定的部分，称之为实时通道；另外一个是标准通道，标准的 TCP/IP 数据通过这个通道传输。在实时通道中，为实时数据预留了固定循环间隔的时间窗，而实时数据总是按固定的次序插入，因此，实时数据就在固定的间隔被传送，循环周期中剩余的时间用来传递标准的 TCP/IP 数据。两种不同类型的数据就可以同时在 PROFINET 上传递，而且不会互相干扰。通过独立的实时数据通道，保证对伺服运动系统的可靠控制。

4. PROFINET 与分布式自动化

随着现场设备智能程度的不断提高，自动化控制系统的分散程度也越来越高。工业控制系统正由分散式自动化向分布式自动化演进，因此，基于组件的自动化（component based automation，CBA）成为新兴的趋势。工厂中的相关的机械部件、电气/电子部件和应用软件等具有独立工作能力的工艺模块抽象成为一个封装好的组件，各组件间使用 PROFINET 连接。通过 SIMATIC iMap 软件，即可用图形化组态的方式实现各组件间的通信配置，不需要另外编程，大大简化了系统的配置及调试过程。

5. PROFINET 与过程自动化

PROFINET 不仅可以用于工厂自动化场合，也同时面对过程自动化的应用。工业界针对工业以太网总线供电，及以太网应用在本质安全区域的问题的讨论正在形成标准或解决方案。PROFIBUS 国际组织计划在 2006 年的时候会提出 PROFINET 进入过程自动化现场级应用方案。

通过代理服务器技术，PROFINET 可以无缝地集成现场总线 PROFIBUS 和其他总线标准。今天，PROFIBUS 是世界范围内唯一可覆盖从工厂自动化场合到过程自动化应用的现场总线标准。集成 PROFIBUS 现场总线解决方案的 PROFINET 是过程自动化领域应用的完美体验。

任务 7.2 S7-200PLC 与 S7-300PLC 间的以太网通信应用

◆**知识目标**

认知 S7-200PLC 与 S7-300PLC 间的以太网通信的方法。

◆**能力目标**

能实现 S7-200PLC 与 S7-300PLC 间的以太网通信的配置和调试。

◆**相关知识**

工业以太网是应用广泛的控制级应用网络，考虑到国内用户的需求和性价比因素，自动化技术人员常常需要组建包括 S7-200 和 S7-300PLC 在内的以太网通信网络，这也是必须掌握的基本技能。

7.2.1 硬件准备

S7-200PLC 要通过以太网进行通信，S7-200 必须使用 CP243-1（或 CP243-1 IT）以太网模块，如图 7-2-1 所示。

图 7-2-1 CP243-1 IT 以太网模块

图 7-2-2 CP343-1 以太网模块

S7-300PLC 可通过以太网扩展模块 CP343-1（图 7-2-2）或 CP343-1 IT 接入工业以太网，而有些型号的 S7-300PLC 本身自带有以太网接口，例如 S7-315-2PN/DP。

7.2.2 S7-200 与 S7-300 之间的以太网通信

1. S7-200 做客户端

S7-200 的配置如下：

选择"工具"菜单下的"以太网向导"，如图 7-2-3 所示。

打开"以太网向导"，可以看到 CP243-1 以太网卡相关信息，点击"下一步"，如图

7 - 2 - 4 所示。

图 7 - 2 - 3　选择以太网向导　　　　　图 7 - 2 - 4　CP243 - 1 以太网相关信息

　　设置 CP243 - 1 模块的位置，位置的计算规则为扩展模块在机架上相对于 CPU 的位置，CPU 右边的第一个扩展模块位置为 0，依次类推为 1，2，3，…。若不清楚位置，最好对模块进行在线组态，单击"读取模块"按钮，让系统自动获取模块位置。设置完成，点击"下一步"，如图 7 - 2 - 5 所示。

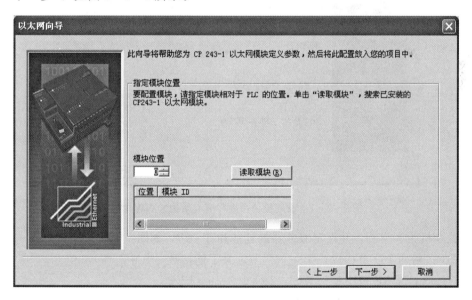

图 7 - 2 - 5　设置模块位置

　　设定 CP243 - 1 模块的 IP 地址和子网掩码，并指定模块连接的类型（本例选为自动检测通信），点击"下一步"，如图 7 - 2 - 6 所示。在设置 IP 地址时，要注意和联网的其他 PLC 的 IP 地址相匹配。

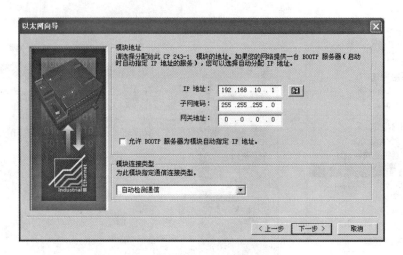

图 7-2-6 设置 IP 地址和子网掩码

确定 PLC 为 CP243-1 分配输出端口的起始字节地址（一般使用缺省值即可）和配置的连接数目，点击"下一步"，如图 7-2-7 所示。CP243-1 最多可以建立 8 个以太网连接，此处设置连接数目为 1。

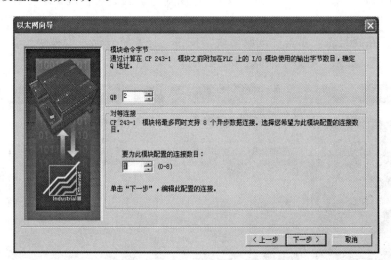

图 7-2-7 设置模块命令字节起始地址和连接数

设置本机为客户端，并设定服务器的地址和 TSAP，如图 7-2-8 所示。

TSAP：由两个字节构成，第一个字节定义了连接数，其中：

（1）Local TSAP 范围：16#02，16#10～16#FE。

（2）Remote TSAP 范围：16#02，16#03，16#10～16#FE。

第二个字节定义了机架号和 CP 槽号。

如果只有一个连接，可以指定对方的地址，否则可以选中接受所有的连接请求。"保持活动"功能是 CP243-1 以设定的时间间隔来探测通信的状态，此时间的设定在下步设定。注意连接符号名，在这里是 Connecttion0_0，后面编程时要用到。

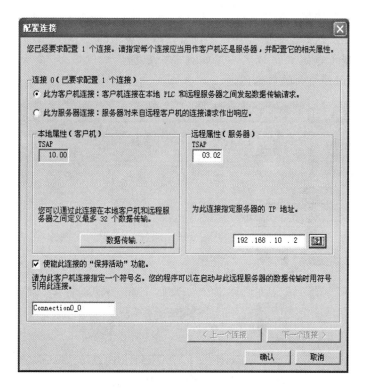

图 7 - 2 - 8　设置 S7 - 200 为客户端

　　由于客户机需要组态发送或接收服务器的数据，点击"数据传输"按钮，弹出如图 7 - 2 - 9 所示窗口。

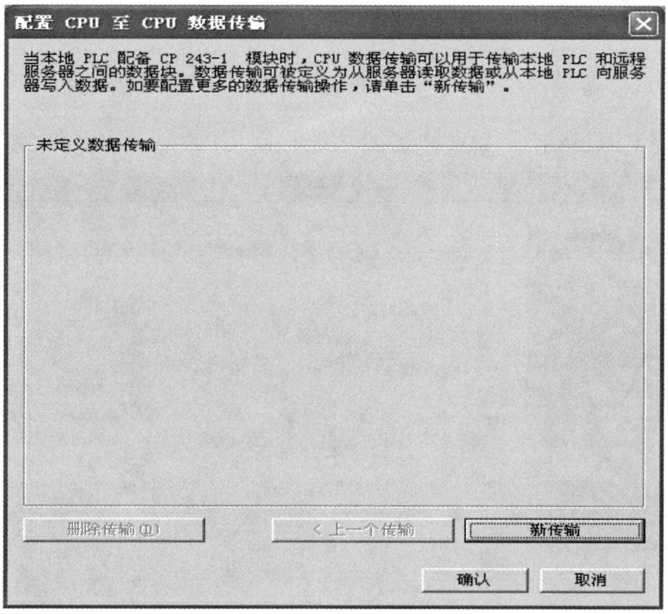

图 7 - 2 - 9　新建传输

点击"新传输"按钮。弹出如图 7-2-10 所示窗口。该窗口完成如下设置：①选择客户机是接收还是发送数据到服务器；②设置读取或写入的字节数；③设置数据交换的存储区；④为此数据传输定义符号名；⑤如有多个数据传输（最多 32 个，0～31），点击"新传输按钮"可以建立新的数据传输。

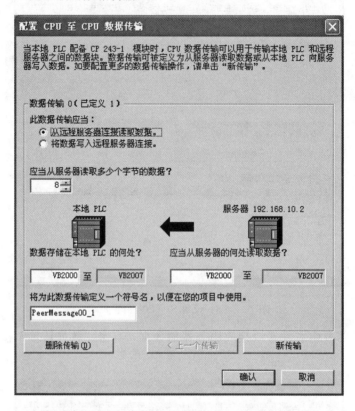

图 7-2-10　建立数据读、写连接

选择是否需要 CRC 保护，如选择了此功能，则 CP243-1 在每次系统重启时，就校

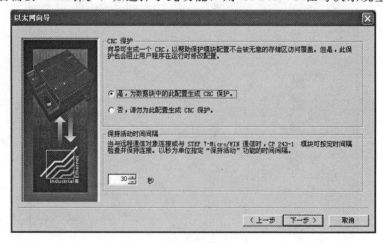

图 7-2-11　选择 CRC

验 S7 - 200 中的组态信息看是否被修改，如被改过，则停止启动，并重新设置 IP 地址。"保持活动间隔"即是上步中的探测通信状态的时间间隔，如图 7 - 2 - 11 所示。

选择 CP243 - 1 组态信息的存放地址，此地址区在用户程序中不可再用，如图 7 - 2 - 12 所示。

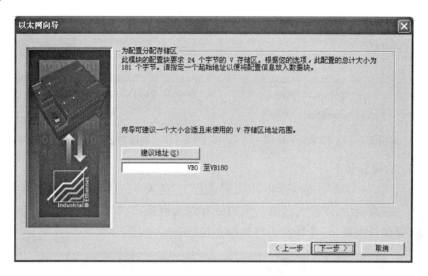

图 7 - 2 - 12　选择组态信息存放地址

S7 - 200 客户端的以太网通信已经组态完毕，如图 7 - 2 - 13 所示，给出了组态后的信息。点击"完成"保存组态信息，并生成子程序"ETH0 _ CTRL""ETH0 _ XFR"。

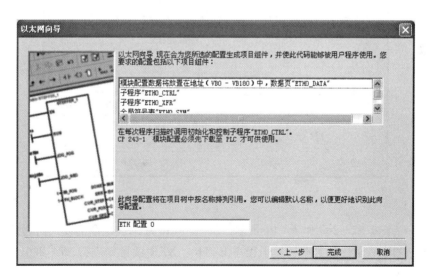

图 7 - 2 - 13　生产子程序

在 S7 - 200 客户端，程序中调用以太网子程序如下：

在每次扫描开始调用 ETHx _ CTRL 子程序，ETHx _ CTRL 子程序负责执行以太网错误检查，如图 7 - 2 - 14 所示。

在脉冲信号 SM0.5 的上升沿时调用数据传送子程序 ETHx_XFR，如图 7-2-15 所示。

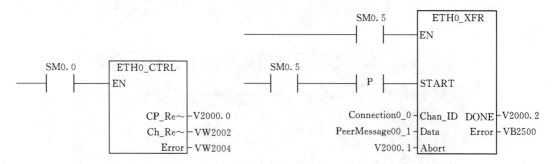

图 7-2-14 调用 ETHx_CTRL 子程序   图 7-2-15 调用数据传送子程序 ETHx_XFR

S7-300 的配置如下：

新建项目"S7-300 与 S7-200 以太网通信"，插入 S7-300 站点，再组态硬件，依次放入导轨、电源模块、CPU 模块（采用带有以太网接口的 S7-315-2PN/DP）。在以太网属性设置窗口设置 IP 地址和子网掩码，如图 7-2-16 所示。

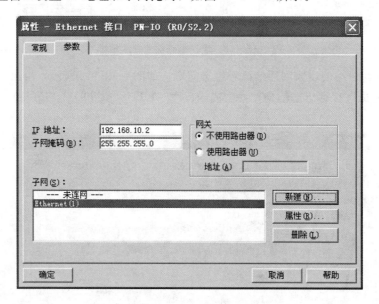

图 7-2-16 设置 S7-300 以太网属性

至此，一个以 S7-200 作为 Client 端，S7-300 作为 Server 端的以太网通信系统已经组态完毕，这时在 S7-200 端触发子程序 ETH0_XFR 就可以进行 S7-200 和 S7-300 间的数据交换了。

2. S7-200 做服务器端

S7-200 的配置如下：

前面几步配置同客户端相同，从如图 7-2-17 所示配置开始介绍。选择本站作为服务器，并设置客户机的地址和 TSAP。在这里，如果只有一个连接，可以指定对方的地址，否则可以选中接受所有的连接请求。

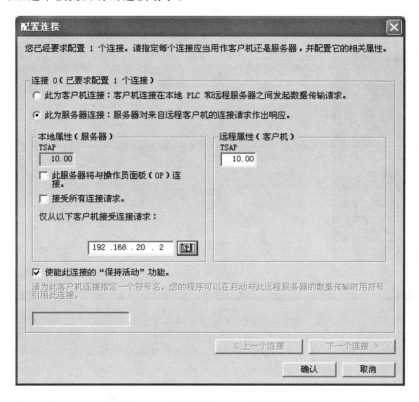

图 7 - 2 - 17   设置 S7 - 200 为服务器端

如图 7 - 2 - 18 所示，选择是否需要 CRC 保护，保持活动间隔，即是上步中的探测通信状态的时间间隔。

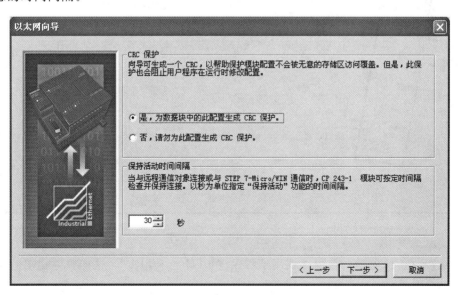

图 7 - 2 - 18   选择 CRC

如图 7-2-19 所示，选定组态信息的存放地址，此地址区在用户程序中不可再用。

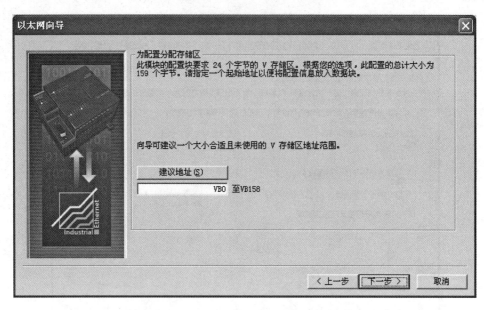

图 7-2-19　选择组态信息存放地址

如图 7-2-20 所示，S7-200 服务器端的以太网通信已经组态完毕，给出了组态后的信息，点击"完成"保存组态信息。

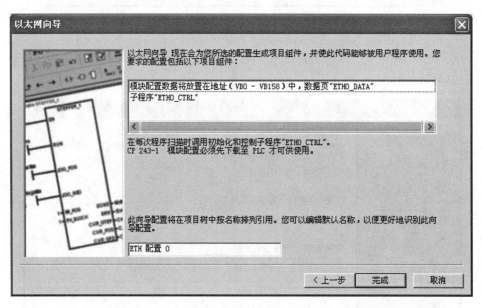

图 7-2-20　生产子程序

如图 7-2-21 所示，在程序调用子程序"ETH0_CTRL"，这样服务器端的组态就完成了。

S7-300 的配置如下：

网络 1　网络标题

```
      SM0.0        ETH0_CTRL
 ───┤├───────────EN

                    CP_Re~─V3000.0
                    Ch_Re~─VW3002
                     Error─VW3004
```

图 7-2-21　调用 ETHx_CTRL 子程序

采用带有以太网接口的 S7-315-2PN/DP，在以太网属性设置窗口设置 IP 地址和子网掩码，如图 7-2-22 所示。

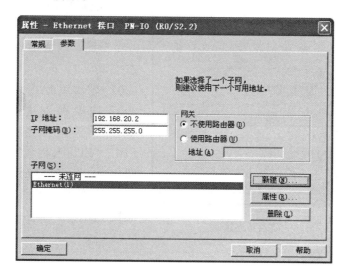

图 7-2-22　设置 S7-300 以太网属性

点击""图标，进入 NetPRO 环境，进行网络组态，如图 7-2-23 所示。

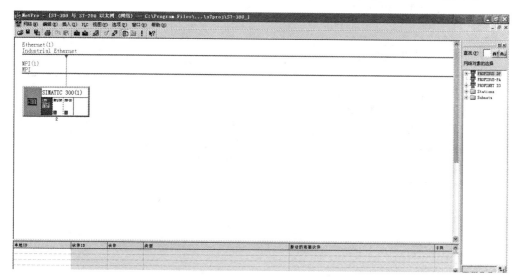

图 7-2-23　NetPRO 网络组态

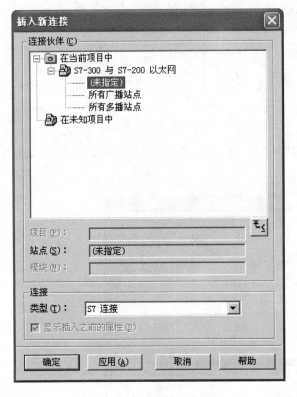

图 7-2-24 插入新连接

单击网络中的 CPU 模块，在出现的连接中双击连接列表中的空白区域插入新连接，如图 7-2-24 所示。

选定"待定 ..."，再点击"应用"，出现"属性-S7 连接"对话框，设定伙伴（本例为 S7-200 CP243-1）的 IP 地址，如图 7-2-25 所示。

点击"地址详细信息"，设定本地（S7-300）和伙伴（S7-200）的 TSAP 信息，如图 7-2-26 所示。

至此，双方的以太网通信已经组态完毕，接下来需要在客户（S7-300）端调用程序块向 Server（S7-200）读取和发送数据。调用 FB14 "GET" 读取服务器的数据，调用 FB15 "PUT" 传送数据到服务器，如图 7-2-27 所示。功能块 FB14 "GET" 的管脚说明见表 7-2-1，功能块 FB15 "PUT" 的管脚说明见表 7-2-2。

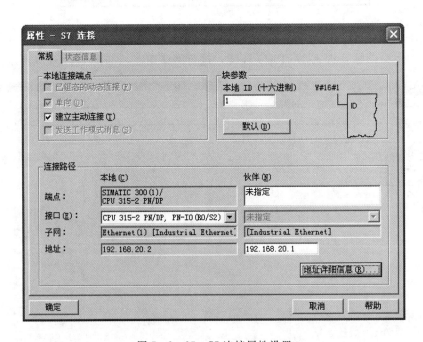

图 7-2-25 S7 连接属性设置

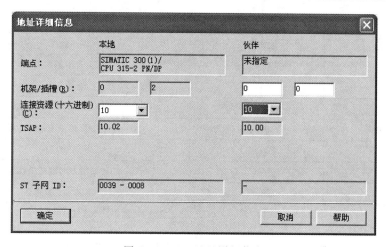

图 7-2-26 地址详细信息

程序段 1:标题:

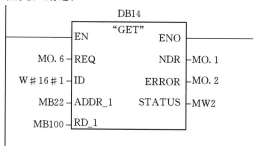

程序段 2:标题:

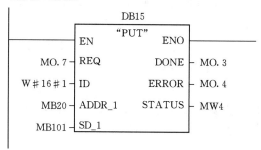

图 7-2-27 读取和发送数据指令

表 7-2-1　　　　　　　　　　**功能块 FB14 "GET" 的管脚参数说明表**

参数名	数据类型	参数说明
REQ	BOOL	上升沿触发工作
ID	WORD	地址参数 ID
NDR	BOOL	为 "1" 时,接收到新数据
ERROR	BOOL	为 "1" 时,有故障发生
STATUS	WORD	故障代码
ADDR_1	ANY	从通信对方的数据地址中读取数据
RD_1	ANY	本站接收数据区

表 7 - 2 - 2　　　　　　　　功能块 FB15 "PUT" 的管脚参数说明

参数名	数据类型	参数说明
REQ	BOOL	上升沿触发工作
ID	WORD	地址参数 ID
DONE	BOOL	为 "1" 时，发送完成
ERROR	BOOL	为 "1" 时，有故障发生
STATUS	WORD	故障代码
ADDR _ 1	ANY	通信对方的数据接收区
SD _ 1	ANY	本站发送数据区

任务 7.3　S7 - 300PLC 间的以太网通信应用

◆知识目标

认知 S7 - 300PLC 与 S7 - 300PLC 间的以太网通信方法。

◆能力目标

能实现 S7 - 300PLC 与 S7 - 300PLC 间的以太网通信的配置与调试。

◆相关知识

7.3.1　S7 通信简介

S7 通信集成在每一个 SIMATIC S7/M7 和 C7 的系统中，属于 OSI 参考模型第 7 层应用层的协议，它独立于各个网络，可以应用于多种网络（MPI、PROFIBUS、工业以太网）。S7 通信通过不断地重复接收数据来保证网络报文的正确。在 SIMATIC S7 中，通过组态建立 S7 连接来实现 S7 通信，在 PC 上，S7 通信需要通过 SAPI - S7 接口函数或 OPC（过程控制用对象链接与嵌入）来实现。

在 STEP7 中，S7 通信需要调用功能块 SFB（S7 - 400）或 FB（S7 - 300），最大的通信数据可以达 64KB。对于 S7 - 400，可以使用系统功能块 SFB 来实现 S7 通信，对于 S7 - 300，可以调用相应得 FB 功能块进行 S7 通信，见表 7 - 3 - 1。

表 7 - 3 - 1　　　　　　　　S7 通 信 功 能 块

功能块		功能描述
SFB8/9 FB8/9	USEND URCV	无确认的高速数据传输，不考虑通信接收方的通信处理时间，因而有可能会覆盖接收方的数据
SFB12/13 FB12/13	BSEND BRCV	保证数据安全性的数据传输，当接收方确认收到数据后，传输才完成
SFB14/15 FB14/15	GET PUT	读、写通信对方的数据而无需对方编程

7.3.2　通过 S7 通信协议进行以太网通信

在 STEP 7 中创建一个新项目，取名为"Ethernet"，点击右键，在弹出的菜单中选择"插入新对象"→"SIMATIC 300 站点"，插入一个 300 站，取名为"SIMATIC 300 (1)"。用同样的方法在项目里插另一个 300 站，取名为"SIMATIC 300 (2)"，如图 7-3 -1 所示。

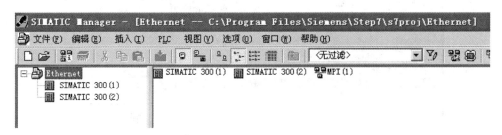

图 7-3-1　创建"Ethernet"项目

首先对"SIMATIC 300 (1)"站进行硬件组态，双击"硬件"进入"HW Config"界面。在机架上加入 CPU 313C-2DP 和 CP 343-1 IT，如图 7-3-2 所示。

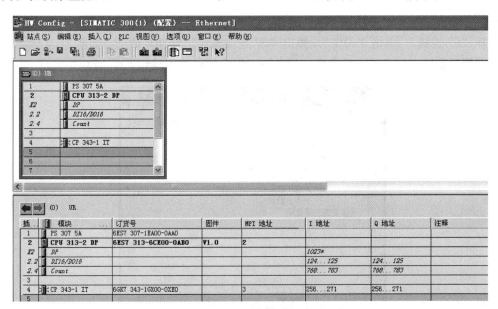

图 7-3-2　SIMATIC 300 (1) 硬件组态

双击 CP 343-1 IT，弹出 CP 343-1 IT 的属性设置对话框，新建以太网"Ethernet (1)"，这里 IP 地址设置为 192.168.100.1，子网掩码为 255.255.255.0，如图 7-3-3 所示。

用同样的方法建立另一个 S7-300 站点，采用具有以太网接口的 S7-315-2PN/DP CPU，IP 地址设置为 192.168.100.2，子网掩码为 255.255.255.0。

点击 图标，打开"NetPro"进行网络参数设置。用鼠标选择一个 CPU，单击鼠标

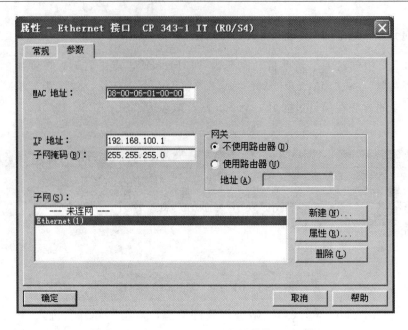

图 7 - 3 - 3　CP 343 - 1 IT 的属性设置对话框

右键，在弹出的菜单中选择"插入新连接"，弹出如图 7 - 3 - 4 所示对话框，在连接类型中选择"S7 连接"，单击"确定"，弹出"S7 连接属性"设置对话框，如图 7 - 3 - 5 所示。可以看到通信双方站点的一些参数，设置好后保存编译并下载到各个 PLC 中。

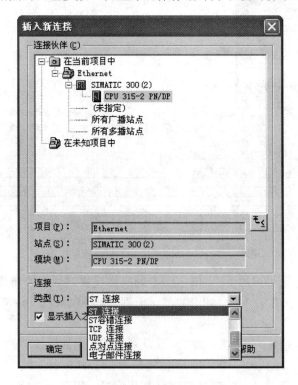

图 7 - 3 - 4　设置为 S7 连接

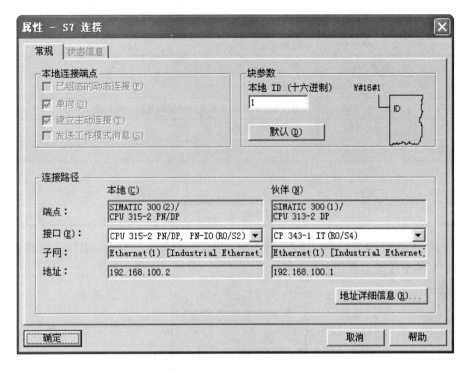

图 7-3-5 "S7 连接属性"设置对话框

编写双向通信程序：选择双向通信的方式，故在编程时需要调用 FB12 "BSEND" 和
FB13 "BRCV"，即通信双方均需要编程，一端发送，则另外一端必须接收才能完成通信。

通信双方的发送程序和接收程序在 OB1 中。首先发送方调用 FB12 "BSEND"，为
FB12 指定的背景数据块是 DB12，如图 7-3-6 所示。FB12 各个管脚说明见表 7-3-2。

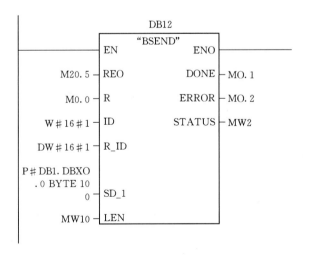

图 7-3-6 发送方程序

175

表 7-3-2 功能 FB12 各个管脚参数说明

参数名	数据类型	参 数 说 明
REQ	BOOL	上升沿触发工作
R	BOOL	为"1"时,终止数据交换
ID	INT	连接 ID
R_ID	DWORD	连接号,相同的连接号的功能块互相对应发送/接收数据
DONE	BOOL	为"1"时,发送完成
ERROR	BOOL	为"1"时,有故障发生
STATUS	WORD	故障代码
SD_1	ANY	发送数据区
LEN	WORD	发送数据的长度

另外接收方调用 FB13 "BRCV",为 FB13 指定的背景数据块是 DB13,如图 7-3-7 所示。FB13 各个管脚说明见表 7-3-3。

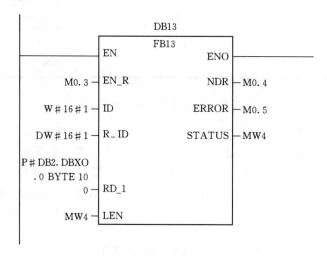

图 7-3-7 接收方程序

表 7-3-3 功能块 FB13 的管脚参数说明

参数名	数据类型	参数说明
EN_R	BOOL	为"1"时,准备接收
ID	WORD	连接 ID
R_ID	DWORD	连接号,相同连接号的功能块互相对应发送/接收数据
NDR	BOOL	为"1"时,接收完成
ERROR	BOOL	为"1"时,有故障发生
STATUS	WORD	故障代码
RD_1	ANY	接收数据区
LEN	WORD	接收到的数据长度

编写单向通信程序：只需在本地侧的 PLC 调用 FB14 "PUT" 和 FB15 "GET"，即可向通信对方发送数据或读取对方的数据。首先先调用 FB15 进行数据发送，为 FB15 指定的背景数据块是 DB15，如图 7 - 3 - 8 所示。

下一步调用 FB14 读取对方 PLC 中的数据，为 FB14 指定的背景数据块是 DB14，如图 7 - 3 - 9 所示。

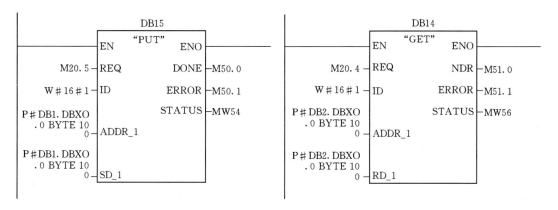

图 7 - 3 - 8　发送数据　　　　　　　　图 7 - 3 - 9　接收数据

练　习　题

1. 填空题

（1）现场总线控制系统具有（　　）、（　　）、（　　）、（　　）等特点，有利于自动化系统与信息系统的集成。但是其缺点也很明显，主要表现在以下几个方面：（　　），这使得各个厂商的仪表设备难以在不同的 FCS 中兼容；（　　），随着仪器仪表智能化的提高，传输的数据也必将趋于复杂，未来传输的数据可能已不满足于几个字节，所以网络传输的高速性在工业控制中越来越重要；（　　）现有现场总线标准大都无法直接与互联网连接，需要额外的网络设备才能完成通信。

（2）S7 - 200 PLC 要通过以太网进行通信，S7 - 200 必须使用（　　）或（　　）以太网模块。

（3）S7 - 300 PLC 可通过以太网扩展模块（　　）或（　　）接入工业以太网，而有些型号的 S7 - 300 PLC 本身自带有以太网接口，例如（　　）。

（4）为了使得电脑可以通过网线访问 PLC，设置 PLC 的 IP 地址应与电脑 IP 地址同一（　　）。

（5）S7 - 200 进行以太网配置后，需将电源（　　），才能使网络配置生效。

（6）S7 - 300 间以太网双向通信需要调用（　　）和（　　）功能块收发数据。

2. 通过以太网通信，将接在 S7 - 300 从站的水箱液位传感器数据送到 S7 - 300 主站。

项目 8 液 位 PID 控 制

◆知识目标

认知功能块 SFB41/42/43 和 FB41/42/43 的特点、组态监控界面设计方法、PID 参数设定方法。

◆能力目标

能实现基于 300PLC 与变频器 DP 通信的单回路 PID 液位控制，包括 PLC 程序设计、组态监控界面设计及调试。

◆项目任务

S7 - 300PLC 通过 PROFIBUS - DP 通信，采用 PID 控制变频器状态，从而控制水泵运行，改变供水量，实现水箱液位恒定。

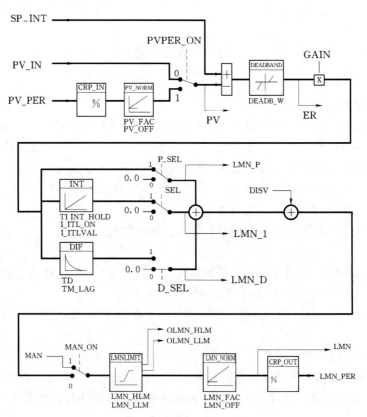

图 8 - 0 - 1 SFB41/FB41 的功能示意图

◆**相关知识**

S7 - 300/400PLC 的功能块 SFB41/42/43 和 FB41/42/43 用于 PID 运算，SFB41/FB41 用于连续控制方式，SFB42/FB42 用于步进控制方式，SFB43/FB43 用于脉冲宽度调制控制方式。SFB41/42/43 和 FB41/42/43 是兼容的，可以用于 CPU31X 系列 PLC，但 CPU315 - 2PN/DP 只能使用 FB41/42/43。本任务使用 FB41，其功能示意图见图 8 - 0 - 1，输入参数见表 8 - 0 - 1，输出参数见表 8 - 0 - 2。

表 8 - 0 - 1　　　　　　　　　　　**SFB41/FB41 的输入参数**

序号	管脚名称	作用	数据类型	有效值范围	默认值	说　明
1	EN	使能	BOOL	FALSE/TRUE		EN＝TRUE（1）时启动 PID EN＝FALSE（0）时 PID 无效
2	COM_RST	复位开关	BOOL	FALSE/TRUE	FALSE	COM_RST＝TRUE（1）时 PID 复位。COM_RST＝FALSE（0）时复位无效
3	MAN_ON	手动/自动开关	BOOL	FALSE/TRUE	TRUE	MAN_ON＝1 输出手动值 MAN_ON＝0 输出自动值
4	PVPER_ON	过程变量输入开关	BOOL	FALSE/TRUE	FALSE	PVPER_ON＝1 输入经处理的 PV_PER 的值 PVPER_ON＝0 输入 PV_IN 的值
5	P_SEL	比例作用开关	BOOL	FALSE/TRUE	TRUE	P_SEL＝1 比例作用启动 P_SEL＝0 比例作用停止
6	I_SEL	积分作用开关	BOOL	FALSE/TRUE	TRUE	I_SEL＝1 积分作用启动 I_SEL＝0 积分作用停止
7	INT_HOLD	积分分量保持	BOOL	FALSE/TRUE	FALSE	
8	I_ITL_ON	积分分量初始化接通	BOOL	FALSE/TRUE	FALSE	
9	D_SEL	微分作用开关	BOOL	FALSE/TRUE	FALSE	D_SEL＝1 微分作用启动 D_SEL＝0 微分作用停止
10	CYCLE	采样时间	TIME	≥1ms	T♯1s	采样时间应与 0B35 设定的时间一致
11	SP_INT	设定值	REAL	-100.0 to +100.0（%）or 物理值 1	0.0	
12	PV_IN	过程值	REAL	-100.0 to +100.0（%）or 物理值 1	0.0	
13	PV_PER	外围设备过程值	WORD		W♯16♯0000	Output of PV_NORM＝（output of CRP_IN）* PV_FAC + PV_OFF

续表

序号	管脚名称	作用	数据类型	有效值范围	默认值	说　明
14	MAN	手动值	REAL	－100.0 to ＋100.0（％）or 物理值 1	0.0	
15	GAIN	比例增益	REAL		2	设置 PID 的比例增益系数
16	TI	积分时间	TIME	＞＝CYCLE	T＃20s	设置 PID 的积分器时间响应
17	TD	微分时间	TIME	＞＝CYCLE	T＃20s	设置 PID 的微分单元时间响应
18	TM_LAG	微分延时	TIME	＞＝CYCLE/2	T＃2s	微分操作的运算包括一个时间滞后
19	DEADB_W	死区宽度	REAL	＞＝0.0（％）or 物理值 1	0.0	死区用于存储错误。"死区宽度"输入端确定了死区的容量大小
20	LMN_HLM	控制器输出上限	REAL	LMN_LLM…100.0 （％）or 物理值 2	100%	
21	LMN_LLM	控制器输出下限	REAL	－100.0…LMN_HLM（％）or 物理值 2	0.0	
22	PV_FAC	过程变量因子	REAL		1.0	Output of PR_IN＝PV_PER ＊ 100/27648
23	PV_OFF	过程变量偏移量	REAL		0.0	Output of PV_NORM ＝（output of CRP_IN）＊ PV_FAC ＋ PV_OFF
24	LMN_FAC	控制器输出因子	REAL		1.0	
25	LMN_OFF	控制器输出偏移量	REAL		0.0	"控制器输出偏移量"可以与控制器输出值相加。该输入端可以用于匹配控制器输出值的范围
26	I_ITLVAL	积分初始化值	REAL	－100.0 to ＋100.0（％）or 物理值 2	0.0	
27	DISV	扰动变量	REAL	－100.0 to ＋100.0（％）or 物理值 2	0.0	对于前馈控制，干扰变量被连接到"干扰变量"输入端

表 8－0－2　　　　　　　　　　　　SFB41/FB41 的输出参数

序号	管脚名称	作用	数据类型	默认值	说　　明
1	LMN	控制器输出值	REAL	0.0	LMN ＝（output of LMNLIMIT）＊ LMN_FAC＋ LMN_OFF
2	LMN_PER	控制器输出值外围设备	WORD	W＃16＃0000	LMN_PER＝LMN ＊ 27648/10

序号	管脚名称	作用	数据类型	默认值	说　　明
3	QLMN_HLM	高限报警输出	BOOL	FALSE	
4	QLMN_LLM	低限报警输出	BOOL	FALSE	
5	LMN_P	比例分量输出	REAL	0.0	
6	LMN_I	积分分量输出	REAL	0.0	
7	LMN_D	微分分量输出	REAL	0.0	
8	PV	过程值输出	REAL	0.0	
9	ER	偏差信号输出	REAL	0.0	

◆**项目实施**

新建 300 主站工程

1. 新建工程

利用 STEP 7 编程软件新建一个工程，工程名称为 PID_300。

2. 硬件组态

(1) 组态 300 站，见图 8-0-2。

机架：Rail。

电源：PS300 2A。

CPU：CPU 315-2PN/DP。创建 DP 总线，设置 IP 地址 192.168.4.100，IP 地址与计算机同一个网段。

模拟量模块：6EST 334-0CE01-0AB0。

数字量模块：6EST 323-1BH01-0AB0。

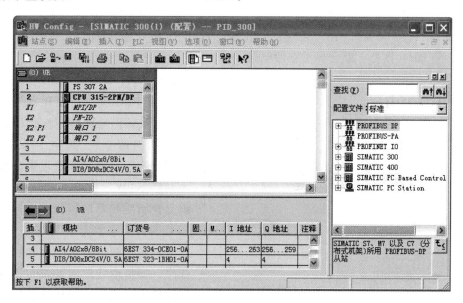

图 8-0-2　300 站硬件组态

（2）组态变频器 MICROMASTER 4。

在硬件组态窗口右边的硬件目录展开文件夹"PROFIBUS - DP"→"SIMOVERT"，将"MICROMASTER 4"挂到总线上，设置 DP 地址为 5，与变频器 PROFIBUS - DP 通信接口模块上拨码的地址一致，见图 8 - 0 - 3。

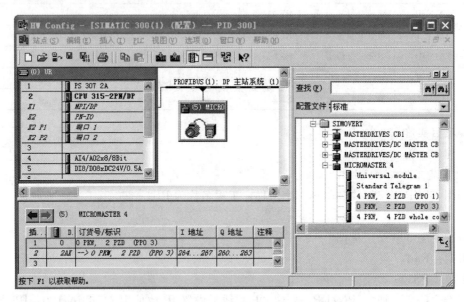

图 8 - 0 - 3　变频器 DP 接口模块组态

继续展开文件夹"MICROMASTER 4"，将 PPO 3 项插到左下角的 MICROMASTER 4 框架上。

提示： 如果硬件设备窗口没有 MICROMASTER 4，必须加装 GSD 文件。

如果 MICROMASTER 4 框架没出现，点击挂在 PROFIBUS - DP 上的 MI-CROMASTER 4 图标，就会显示它的框架。

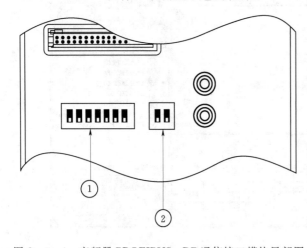

图 8 - 0 - 4　变频器 PROFIBUS - DP 通信接口模块局部图
①—PROFIBUS 地址开关；②—仅西门子内部使用

STEP 7 自动分配 PLC 输入地址 I（表示 PLC 读取由变频器发送来的数据）和输出地址 Q（表示 PLC 写到变频器的数据）。其中 PLC 由地址 PQW260 写出的数据是设定变频器的控制字 STW，由 PQW262 写出的数据是控制变频器的运行频率；读入到 PLC 的两个字数据 PIW264、PIW266 则分别是变频器的状态字和实际运行频率。如果地址的起址设定不同，读写地址跟随变化，但地址长度规律是一样的。

提示： 按照上述配置，PLC 写启停控制命令到 Q260～261 两个字节地址，即 PQW260，此命令就发送到变频器，控制变频器启停；PLC 写频率值控制命令到 Q262～263 两个字节地址，即 PQW26，此命令就发送到变频器，控制变频器运行频率；PLC 读取 I264～267 的数据，就可以接收到由变频器传送来的工作状态数据。

3. 设置 MM420 的硬件地址

本项目 PROFIBUS 地址为 5，应将 DIP 开关的 1 和 3 拨为 ON，其他为 OFF，见图 8-0-4。

4. 变频器参数设定

变频器参数见表 8-0-3。

表 8-0-3　　　　　　　　　　变频器需要设定的参数列表

参数	设置值	说　　　明
P0918	5	PROFIBUS 地址（DIP 为 0 时 P0918 要设定；若 DIP 和 P0918 同时设定，DIP 优先）
P0719	0	命令和频率设定值的选择
P0700	6	命令源为 PROFIBUS
P1000	6	表示频率给定源为通信板，由通过 DP 读取该值
P0927	15	参数修改设置
P0010	0	使得变频器处于准备状态

5. 编程

（1）创建数据块 DB1 和组织块 OB35。

创建 DB 数据块是使用组态王做监控界面的需要，因为组态王可以组态连接 300PLC 的 DB 数据块，因此 PLC 中的设定值、测量值和控制值等，要在 DB 中设置相应的 DB 变量，并将数据传送到这些 DB 变量。

创建 DB 数据块的方法是在项目管理窗口，选择菜单"插入"→"数据块"，在弹出的数据块属性窗口中设置名称和类型为 DB1、共享的 DB，创建语言为 DB，见图 8-0-5 和图 8-0-6。

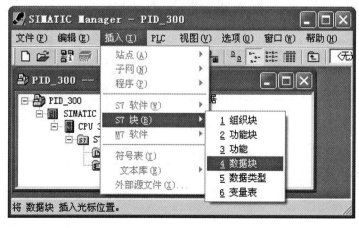

图 8-0-5　插入数据块的菜单

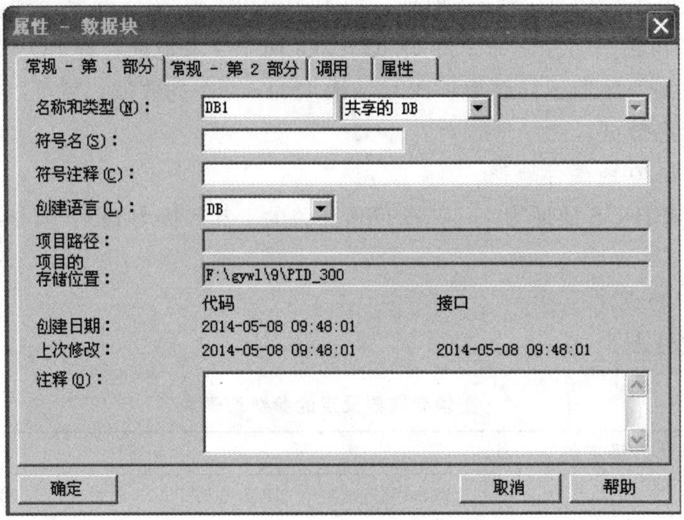

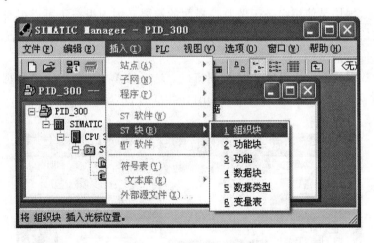

图 8 - 0 - 6　数据块属性对话框

创建组织块 OB35 是控制 PID 运算有稳定和恰当的运行时间周期的需要。OB35 具有每隔 100ms 定时中断运行一次的功能,通常将实现 PID 控制的 FB41 功能块放在 OB35 中运行。

创建 DB 数据块的方法是在项目管理窗口,选择快捷菜单"插入"→"组织块",在弹出的组织块属性窗口中设置名称为 OB35,创建语言为 LAD(即梯形图),见图 8 - 0 - 7 和图 8 - 0 - 8。

图 8 - 0 - 7　插入组织块的菜单

完成插入数据块和组织块后的项目管理窗口见图 8 - 0 - 9。

(2)定义 DB1 的变量。

在图 8 - 0 - 9 中双击"DB1",打开 DB1 数据块表格,定义表格中的变量,见图 8 - 0 - 10。

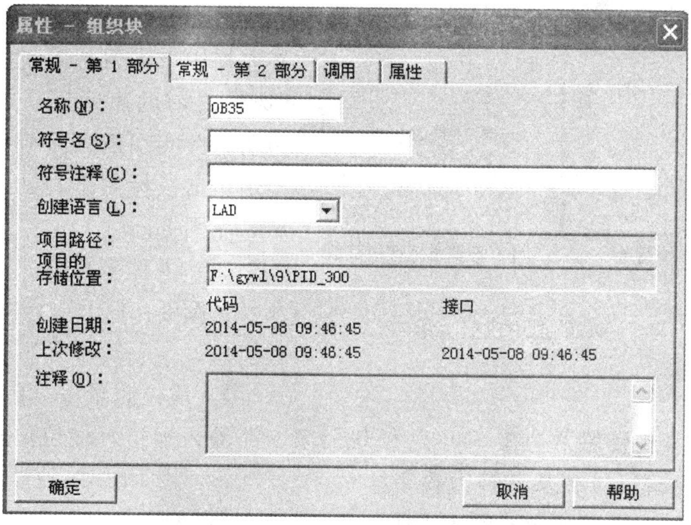

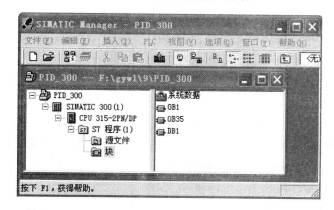

图 8-0-8 组织块属性对话框

图 8-0-9 完成插入数据块和组织块后的项目管理窗口

DB1 -- PID_300\SIMATIC 300(1)\CPU 315-2PN/DP

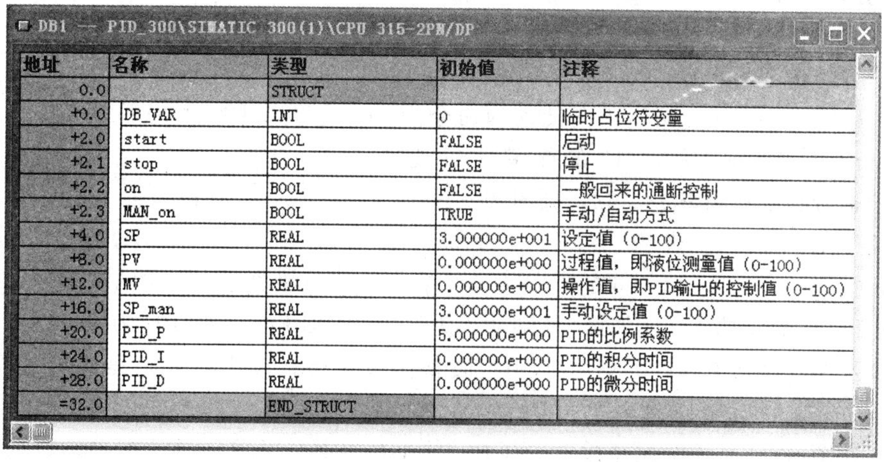

地址	名称	类型	初始值	注释
0.0		STRUCT		
+0.0	DB_VAR	INT	0	临时占位符变量
+2.0	start	BOOL	FALSE	启动
+2.1	stop	BOOL	FALSE	停止
+2.2	on	BOOL	FALSE	一般回来的通断控制
+2.3	MAN_on	BOOL	TRUE	手动/自动方式
+4.0	SP	REAL	3.000000e+001	设定值（0-100）
+8.0	PV	REAL	0.000000e+000	过程值，即液位测量值（0-100）
+12.0	MV	REAL	0.000000e+000	操作值，即PID输出的控制值（0-100）
+16.0	SP_man	REAL	3.000000e+001	手动设定值（0-100）
+20.0	PID_P	REAL	5.000000e+000	PID的比例系数
+24.0	PID_I	REAL	0.000000e+000	PID的积分时间
+28.0	PID_D	REAL	0.000000e+000	PID的微分时间
=32.0		END_STRUCT		

图 8-0-10 定义 DB1 数据块中的变量

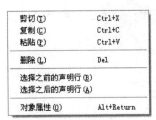

(a) 行操作快捷菜单　　(b) 数据类型快捷菜单

图 8-0-11　DB 数据块快捷菜单

在 DB 数据块中定义变量的方法是在表格中单击鼠标右键，选择快捷菜单"选择之前的声明行"或"选择之前的声明行"实现插入新行。在数据类型格子中单击鼠标右键，则可以选择数据类型，见图 8-0-11。

（3）主程序 OB1。

在图 8-0-9 中，双击 OB1 打开编程窗口。

1）液位测量值（PV 值）采集与量化程序。本项目液位传感器接在 SM334 模块的第一路输入通道，液位传感器输出的电流为 4～20mA，经 SM344 模块转换为数字量 6400～27648，由 PLC 的硬件组态可知，此数字量放在 PIW256。由于 FB41 的 PID 的 PV 值输入范围要求为 0～100，因此要使用 FC105 将数字量量化为 0～100，再送到 FB41 的 PV_IN 端。FC105 和 FC106 位于"库"→"Standard Library"→"TI-S37 Converting Blocks"中，见图 8-0-12。

2）控制值的量化程序。SFB41 输出的 PID 控制值范围 0～100，从 PLC 通过 DP 总线发送数字到变频器控制运行频率，数字量的范围为 0～16384，因此要使用量化为 0～16384。从图 8-0-10 可知，PID 控制值存放在 DB1 数据块地址 12 开始的 32 位地址中，即 DB1.DBD12。首先将 DB1.DBD12 的数据通过 FC106 转换为 0～27648，才能通过 FC105 转换为 0～16384，见图 8-0-13 中的程序段 2。

3）变频器控制程序。PLC 通过 DP 总线发送变频器启停命令的地址为 PQW260，控制变频器停止运行的命令为 DW♯16♯47F，见图 8-0-13 的程序段 3；控制变频器正向转动的命令为 DW♯16♯47E，见图 8-0-13 的程序段 4；控制变频器运行频率写到 PQW262，见图 8-0-13 的程序段 2。

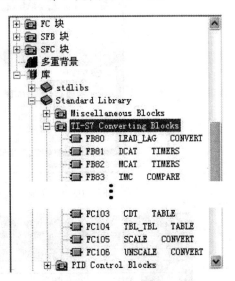

图 8-0-12　工程数值换算功能 FC105、FC106

提示：（1）FC105、FC106 的 BIPOLAR 端为单、双极性选择，如果 IN 端输入为单极性，BIPOLAR 端应为 0；如果 IN 端输入为双极性，BIPOLAR 端应为 1。

（2）不能直接将 0～100 使用 FC105 转换为 0～16834，FC105 是将 0～27648 或 -27648～27648 转换为 0～100 的。

（3）在图 8-0-13 的程序段 1，FC105 的 HI_LIM、LO_LIM 端分别设为 100.0、-30.0。因为，如果设为 100.0 和 0.0，则是将输入 0～27648 转换为 0～100。现在液位值是 6400～27648，故 LO_LIM 端要设为 -30.0，才能使 6400 对应转为 0。

程序段 1:液位测量值量化程序[(6400~27648)量化为(0.0~100.0)]

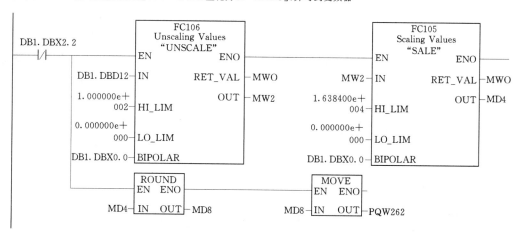

程序段 2:PID 输出控制值量化[(0.0~100.0)重化为(0~16384)],并写到变频器

程序段 3:发变频器停止,准备好正向驱动控制字

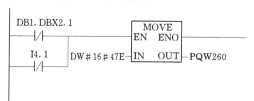

程序段 4:发变频器正向转动控制字

图 8-0-13 OB1 主程序

（4）中断程序——PID 控制程序。

双击"OB35",打开 OB35 编程窗口,展开左边的"库"→"Standard Library"→"PID Control",见图 8-0-14,将"FB41 CONT_C ICONT"拖到右边梯形图中。

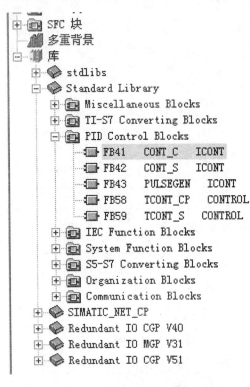

图 8-0-14 库资源列表

在 FB41 功能块的顶端 "??? . ?" 处填写背景数据块名称，见图 8-0-16，只要未使用的 DB 块都可以，如 DB2，移开光标就会出现 "DB2 不存在，是否创建" 的提示，单击 "确定"，就会创建 DB2 作为 FB41 的背景数据，在项目管理窗口增加 DB2 块图标，双击此图标会出现 DB2 块数据列表和默认值，见图 8-0-15。

6. 人机界面

（1）设备连接。

创建组态工程 300 _ PID _ 组态项目，进入工程浏览器窗口，点击左边设备项下的 "com1"，右边出现 "新建"，见图 8-0-17。双击 "新建" 进入设备连接。在设备配置向导——生产厂家、设备名称、通信方式对话框，展开 "PLC" → "西门子" → "S7 - 300 系列"，选择 "TCP"，即选择通信方式为网线，单击 "下一步"，见图 8-0-18。

给组态网所连接的硬件 S7 - 300PLC 一个逻辑名称 S7 _ 300，此名称不能含有运算符，例如减号 "一"，见图 8-0-19。

DB2 -- PID_300\SIMATIC 300(1)\CPU 315-2PN/DP

	地址	声明	名称	类型	初始值	实际值	备注
1	0.0	in	COM_RST	BOOL	FALSE	FALSE	complete restart
2	0.1	in	MAN_ON	BOOL	TRUE	TRUE	manual value on
3	0.2	in	PVPER_ON	BOOL	FALSE	FALSE	process variable peripherie on
4	0.3	in	P_SEL	BOOL	TRUE	TRUE	proportional action on
5	0.4	in	I_SEL	BOOL	TRUE	TRUE	integral action on
6	0.5	in	INT_HOLD	BOOL	FALSE	FALSE	integral action hold
7	0.6	in	I_ITL_ON	BOOL	FALSE	FALSE	initialization of the integral action
8	0.7	in	D_SEL	BOOL	FALSE	FALSE	derivative action on
9	2.0	in	CYCLE	TIME	T#1S	T#1S	sample time
10	6.0	in	SP_INT	REAL	0.000000e+000	0.000000e+000	internal setpoint
11	10.0	in	PV_IN	REAL	0.000000e+000	0.000000e+000	process variable in
12	14.0	in	PV_PER	WORD	W#16#0	W#16#0	process variable peripherie
13	16.0	in	MAN	REAL	0.000000e+000	0.000000e+000	manual value
14	20.0	in	GAIN	REAL	2.000000e+000	2.000000e+000	proportional gain
15	24.0	in	TI	TIME	T#20S	T#20S	reset time
16	28.0	in	TD	TIME	T#10S	T#10S	derivative time
17	32.0	in	TM_LAG	TIME	T#2S	T#2S	time lag of the derivative action
18	36.0	in	DEADB_W	REAL	0.000000e+000	0.000000e+000	dead band width
19	40.0	in	LMN_HLM	REAL	1.000000e+002	1.000000e+002	manipulated value high limit
20	44.0	in	LMN_LLM	REAL	0.000000e+000	0.000000e+000	manipulated value low limit
21	48.0	in	PV_FAC	REAL	1.000000e+000	1.000000e+000	process variable factor
22	52.0	in	PV_OFF	REAL	0.000000e+000	0.000000e+000	process variable offset
23	56.0	in	LMN_FAC	REAL	1.000000e+000	1.000000e+000	manipulated value factor
24	60.0	in	LMN_OFF	REAL	0.000000e+000	0.000000e+000	manipulated value offset
25	64.0	in	I_ITLVAL	REAL	0.000000e+000	0.000000e+000	initialization value of the integral a
26	68.0	in	DISV	REAL	0.000000e+000	0.000000e+000	disturbance variable
27	72.0	out	LMN	REAL	0.000000e+000	0.000000e+000	manipulated value
28	76.0	out	LMN_PER	WORD	W#16#0	W#16#0	manipulated value peripherie
29	78.0	out	QLMN_HLM	BOOL	FALSE	FALSE	high limit of manipulated value reache
30	78.1	out	QLMN_LLM	BOOL	FALSE	FALSE	low limit of manipulated value reached

图 8-0-15 DB2 背景数据块数据列表

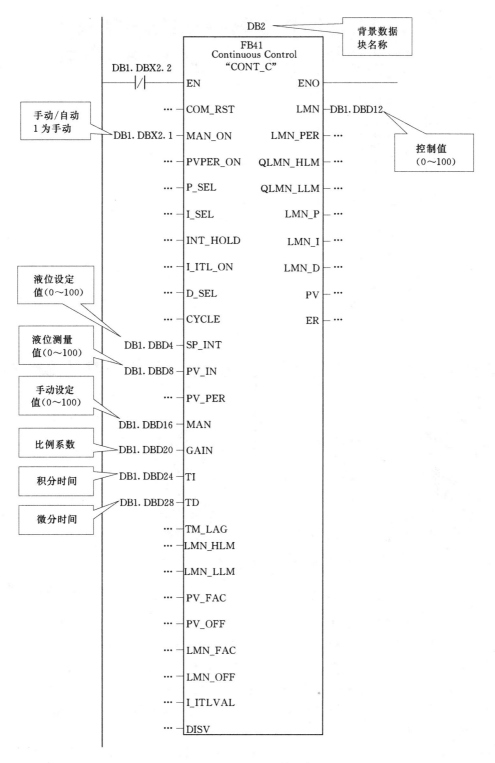

图 8-0-16 OB35 块程序

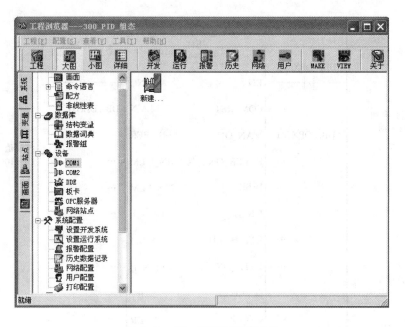

图 8 - 0 - 17 工程浏览器窗口

图 8 - 0 - 18 设备配置（生产厂家、设备
名称、通信方式）对话框

图 8 - 0 - 19 设备配置向导——逻辑
名称对话框

在选择串口号对话框，选择编程线所连接的串口号，一般为 COM1，见图 8 - 0 - 20。

在设备配通信地址配置对话框，地址设置为 192.168.4.100：0：2，冒号前部分为 300PLC 设定的 IP 地址，冒号后的"0"和"2"分别为 300CPU 的机架号和 300CPU 在机架的槽位，见图 8 - 0 - 21。

提示：如果采用 MPI 通信，设备地址应为 2：2，冒号前的 2 为 300CPU 在机架的槽位，冒号前的 2 为 300PLC 的硬件地址。

（2）数据字典的变量定义，见表 8 - 0 - 4 和图 8 - 0 - 22。

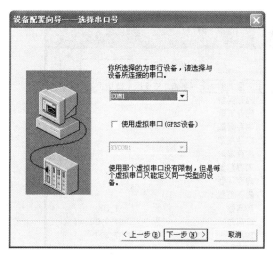

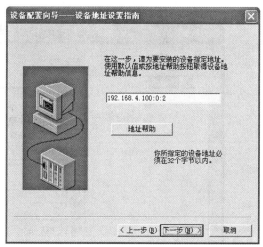

图 8-0-20　设备配置向导——选择串口号对话框　　图 8-0-21　设备配通信地址配置对话框

表 8-0-4　　　　　　　　　　　　定义变量一览表

序号	变量名	变量类型	连接设备	寄存器	数据类型	读写类型	备注
1	zt_start	IO 离散	S7_300	DB1.2.0	Bit	读写	启动变频器
2	zt_stop	IO 离散	S7_300	DB1.2.1	Bit	读写	停止变频器
3	zt_MAN_on	IO 离散	S7_300	DB1.2.2	Bit	读写	手自动切换
4	zt_SP	IO 实型	S7_300	DB1.4.0	FLOAT	读写	设定值
5	zt_PV	IO 实型	S7_300	DB1.8.0	FLOAT	只读	过程值，即液位测量值
6	zt_MV	IO 实型	S7_300	DB1.12.0	FLOAT	只读	操作值，即 PID 输出的调节值
7	zt_SP_man	IO 实型	S7_300	DB1.16.0	FLOAT	读写	手动设定值
8	zt_PID_P	IO 实型	S7_300	DB1.20.0	FLOAT	读写	PID 的比例系数
9	zt_PID_I	IO 实型	S7_300	DB1.24.0	FLOAT	读写	PID 的积分时间
10	zt_PID_D	IO 实型	S7_300	DB1.28.0	FLOAT	读写	PID 的微分时间

（3）监控界面。

新建监控主界面，参数设定见图 8-0-23。在监控主界面插入实时趋势曲线，见图 8-0-24。双击实时趋势曲线弹出对话框，设定跟踪三个变量，分别为设定值、过程值和操作值，见图 8-0-25。在标识选项卡设定数值轴和时间轴参数，见图 8-0-26。

在监控主界面（图 8-0-27）继续添加手动设定值等 8 项监控内容，参数设定见表 8-0-5，其中第 8 项控制方式设定 zt_MAN_on 表达式为真时输出信息"手动方式"，反之为"自动方式"。四个按钮用于手自动控制方式切换和变频器启动停止控制，命令语言见表 8-0-6。

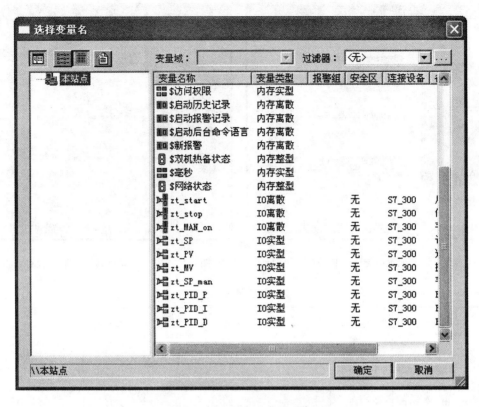

图 8-0-22 定义变量列表

图 8-0-23 新建监控主界面参数设定

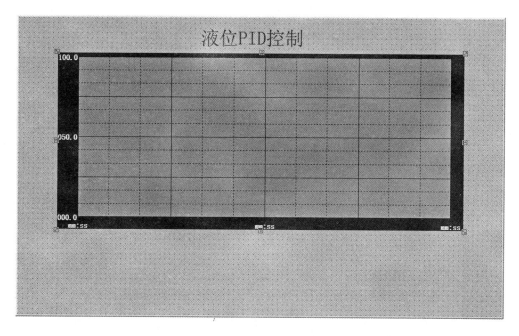

图 8 - 0 - 24　定义变量列表

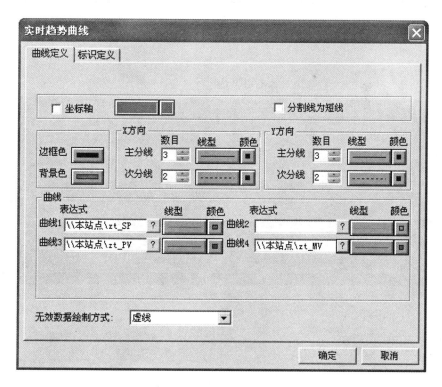

图 8 - 0 - 25　实时趋势曲线定义

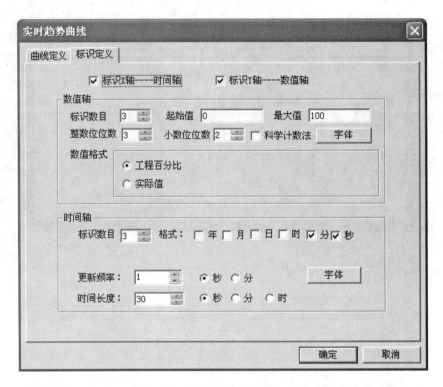

图 8-0-26 实时趋势曲线标识定义

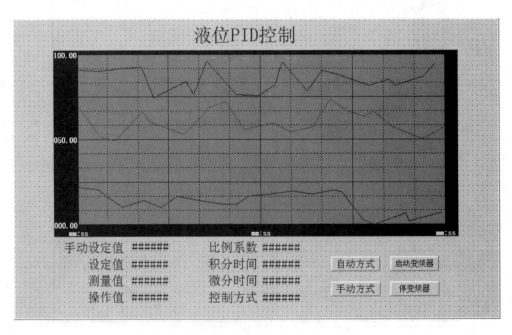

图 8-0-27 监控主界面

表 8 - 0 - 5　　　　　　　　　　　　监 控 内 容 一 览 表

序号	监控内容	连接变量	输入值		输出值		
			数值类型	数值范围	数值类型	整数位数	小数位数
1	手动设定值	zt _ SP _ man	模拟量输入	0 - 100	模拟量输出	3 位	2 位
2	设定值	zt _ SP	模拟量输入	0 - 100	模拟量输出	3 位	2 位
3	过程值	zt _ PV	模拟量输入	0 - 100	模拟量输出	3 位	2 位
4	操作值	zt _ MV			模拟量输出	3 位	2 位
5	PID 比例系数	zt _ PID _ P	模拟量输入	0 - 100	模拟量输出	3 位	2 位
6	PID 积分时间	zt _ PID _ I	模拟量输入	0 - 100	模拟量输出	3 位	2 位
7	PID 微分时间	zt _ PID _ D	模拟量输入	0 - 100	模拟量输出	3 位	2 位
8	控制方式	zt _ MAN _ on			离散值输出		

表 8 - 0 - 6　　　　　　　　　　　　按 钮 命 令 语 言 一 览 表

序号	按钮名称	命 令 语 言	
		鼠标按下时	鼠标弹起时
1	自动方式		\ \ 本站点 \ zt _ MAN _ on = 0
2	手动方式		\ \ 本站点 \ zt _ MAN _ on = 1
3	启动变频器	\ \ 本站点 \ zt _ start = 1	\ \ 本站点 \ zt _ start = 0
4	停止变频器	\ \ 本站点 \ zt _ stop = 1	\ \ 本站点 \ zt _ stop = 0

（4）运行与 PID 参数调整。

完成以上配置后就可以将 PLC 和组态软件转入运行状态。在监控画面首先点击"停变频器"按钮，使变频器进入准备运行状态，然后点击"启动变频器"按钮，变频器进入运行状态，水泵往水箱供水，然后开始调整 PID 参数。

在实际的应用中，通常通过凑试法来确定 PID 的参数，方法如下：

1）首先整定比例部分。将比例参数由小变大，并观察相应的系统响应，直至得到反应快、超调小的响应曲线。增大比例系数 P 一般将加快系统的响应，在有静差的情况下有利于减小静差，但是过大的比例系数会使系统有比较大的超调，并产生振荡，使稳定性变坏。

2）假如在比例调节的基础上系统的静差不能满足设计要求，则必须加进积分环节。在整定时先将积分时间设定到一个比较大的值，然后将已经调节好的比例系数略为缩小，再减小积分时间，使得系统在保持良好动态性能的情况下，静差得到消除。增大积分时间 I 有利于减小超调，减小振荡，使系统的稳定性增加，但是系统静差消除时间变长。

3）假如在上述调整过程中对系统的动态过程反复调整还不能得到满足的结果，则可以加进微分环节。首先把微分时间 D 设置为 0，在上述基础上逐渐增加微分时间，同时相应的改变比例系数和积分时间，逐步凑试，直至得到满足的调节效果。增大微分时间 D 有利于加快系统的响应速度，使系统超调量减小，稳定性增加，但系统对扰动的抑制能力减弱。

详细的 PID 参数调整方法参考附录 C《PID 参数整定方法介绍》。

练 习 题

1. 填空题

(1) 增大比例系数 P 一般将 （   ） 系统的响应，在有静差的情况下有利于（   ），但是过大的比例系数会使系统有比较大的 （   ），并产生 （   ），使稳定性（   ）。

(2) 增大积分时间 I 有利于减小 （   ），减小 （   ），使系统的稳定性 （   ），但是系统静差消除时间 （   ）。

(3) 增大微分时间 D 有利于加快系统的 （   ），使系统超调量 （   ），稳定性 （   ），但系统对扰动的抑制能力 （   ）。

(4) FC105、FC106 的 BIPOLAR 端为 （   ） 极性选择，如果 IN 端输入为 （   ） 极性，BIPOLAR 端应为 （   ）；如果 IN 端输入为 （   ） 极性，BIPOLAR 端应为 （   ）。

(5) FB41 的 （   ） 用于手动/自动控制，如果此端输入为真时，为 （   ），此时 （   ） 端的值则直接输出到 （   ） 端。

2. 在本项目中为什么不能直接将 0～100 使用 FC105 转换为 0～16834?

3. 在图 8-1-13 的程序段 1，FC105 的 HI_LIM、LO_LIM 端分别设为 100.0、−30.0 而不是 100.0 和 0.0 为什么？

附　　录

附录 A　S7 – 300/400 的指令一览表

SFB 编号	SFB 名称	说　明
SFB0	CTU	加计数
SFB1	CTD	减计数
SFB2	CTUD	加/减计数
SFB3	TP	生成一个脉冲
SFB4	TON	产生 ON 延迟
SFB5	TOF	产生 OFF 延迟
SFB8	USEND	不对等的数据发送
SFB9	URCV	不对等的数据接收
SFB12	BSEND	发送段数据
SFB13	BRCV	接收段数据
SFB14	GET	从远程 CPU 读数据
SFB15	PUT	向远程 CPU 写数据
SFB16	PRINT	发送数据到打印机
SFB19	START	初始化远程装置的暖启动或冷启动
SFB20	STOP	将远程装置切换到 STOP 状态
SFB21	RESUME	初始化远程装置的热启动
SFB22	STATUS	查询远程装置的状态
SFB23	USTATUS	接收远程装置的状态
SFB29	HS_COUNT	集成的高速计数器，仅用于 CPU 312IFM 和 PU 314 IFM
SFB30	FREQ_MES	集成的频率计，仅用于 CPU 312IFM 和 PU 314 IFM
SFB31	NOTIFY_8P	生成不带应答指示的与块相关的报文
SFB32	DRUM	实现一个顺序控制器
SFB33	ALARM	生成带应答指示的与块相关的报文
SFB34	ALARM_8	生成与 8 个信号值无关的与块相关的报文
SFB35	ALARM_8P	生成与 8 个信号值有关的与块相关的报文
SFB36	NOTIFY	生成不带应答显示的与块相关的报文
SFB37	AR_SEND	发送归档数据
SFB38	HSC_A_B	集成的 A/B 相高速计数器

续表

SFB 编号	SFB 名称	说 明
SFB39	POS	集成的定位功能
SFB41	CONT＿C	连续 PID 控制
SFB42	CONT＿S	步进 PID 控制
SFB43	PULSEGEN	脉冲发生器
SFB44	ANALOG	使用模拟输出的定位，仅用于 S7－300C CPU
SFB46	DIGITAL	使用数字输出的定位，仅用于 S7－300C CPU
SFB47	COUNT	计数器控制，仅用于 S7－300C CPU
SFB48	FREQUENC	频率测量控制，仅用于 S7－300C CPU

指令助记符	说 明
ATAN	求累加器 1 中的浮点数的反正切函数
AW	将累加器 1 和累加器 2 中的字的对应位相与，结果存放在累加器 1 的低字中
BE	块结束
BEC	块条件结束
BEU	块无条件结束
BLD＜number＞	程序显示指令，并不执行什么功能，只是用于编程设备（PG）的图形显示
BTD	将累加器 1 中的 7 位 BCD 码转换成双整数
BTI	将累加器 1 中的 3 位 BCD 码转换成整数
CAD	交换累加器 1 中 4 个字节的顺序
CALL	调用功能（FC），功能块（FB），系统功能（SFC）或系统功能块（SFB）
CAR	交换地址寄存器 1 和地址寄存器 2 中的数据
CAW	交换累加器 1 低字中两个字节的位置
CC	RLO＝1 时条件调用
CD	减计数器
CDB	交换共享数据块与背景数据块
CLR	清除 RLO（逻辑运算结果）
COS	求累加器 1 中的浮点数的余弦函数
CU	加计数
DEC	累加器 1 的最低字节减 8 位常数
DTB	将累加器 1 中的双整数转换成 7 位 BCD 码
DTR	将累加器 1 中的双整数转换成浮点数
ENT	进入累加器堆栈，仅用于 S7－400
EXP	求累加器 1 中的浮点数的自然指数
FN	下降沿检测
FP	上升沿检测
FR	使能计数器或使能定时器，允许定时器再启动
INC	累加器 1 的最低字节加 8 位常数

指令助记符	说　　明
INVD	求累加器 1 中双整数的反码
INVI	求累加器 l 低字中的 16 位整数的反码
ITB	将累加器 1 中的整数转换成 3 位 BCD 码
ITD	将累加器 1 中的整数转换成双整数
JBI	BR＝1 时跳转
JC	RLO＝1 时跳转
JCB	RLO＝1 且 BR＝1 时跳转
JCN	RLO＝0 时跳转
JL	多分支跳转，跳步目标号在累加器 1 的最低字节
JM	运算结果为负时跳转
JMZ	运算结果小于等于 0 时跳转
JN	运算结果非 0 时跳转
JNB	RIO＝0 且 BR＝1 时跳转
JNBI	BR＝0 时跳转
JO	OV＝1 时跳转
JOS	OS＝1 时跳转
JP	运算结果为正时跳转
JPZ	运算结果大于等于 0 时跳转
JU	无条件跳转
JUO	指令出错时跳转，例如除数为 0、使用了非法的指令、浮点数比较时使用了非法的格式
JZ	运算结果为 0 时跳转
L＜地址＞	装入指令，将数据装入累加器 1，累加器 1 原有的数据装入累加器 2
LDBLG	将共享数据块的长度装入累加器 1
LDBND	将共享数据块的编号装人累加器 1
LDILG	将背景数据块的长度装入累加器 1
LDINO	将背景数据块的编号装人累加器 1
LSTW	将状态字装入累加器 1
LAR1	将累加器 1 的内容（32 位指计常数）装入地址寄存器 1
LAR1＜D＞	将 32 位双字指针＜D＞装入地址寄存器 1
LAR1 AR2	将地址寄存器 2 的内容装入地址寄存器 1
LAR2	将累加器 1 的内容（32 位指针常数）装入地址寄存器 2
1AR2＜D＞	将 32 位双字指针＜D＞装入地址寄存器 2
LC	定时器或计数器的当前值以 BCD 码的格式装入累加器 1
LEAVE	离开累加器堆栈，仅用于 S7－400
LN	求累加器 1 中的浮点数的自然对数

指令助记符	说　明
LOOP	循环跳转
MCR（	打开主控继电器区
）MCR	关闭主控继电器区
MCRA	启动主控继电器功能
MCRD	取消主控继电器功能
MOD	累加器 2 中的双整数除以累加器 1 中的双整数，32 位余数在累加器 1 中
NEGD	求累加器 1 中双整数的补码
NEGl	求累加器 1 低字中的 16 位整数的补码
NEGR	将累加器 1 中浮点数的符号位取反
NOP 0	空操作指令，指令各位全为 0
NOP 1	空操作指令，指令各位全为 1
NOT	将 RLO 取反
O	OR，逻辑或，电路或触点并联
O（	逻辑或加左括号
OD	将累加器 1 和累加器 2 中的双字的对应位相或，结果存放在累加器 1 中
ON	OR NOT，逻辑或非，常闭触点并联
ON（	OR NOT 加左括号
OPN	打开数据块
OW	将累加器 1 和累加器 2 中的低字的对应位相或，结果存放在累加器 1 的低字
POP	出栈，堆栈由累加器 1，2（S7－300）或累加器 1～4（S7－400）组成
PUSH	入栈，堆栈由累加器 1，2（S7－300）或累加器 1～4（S7－400）组成
R	RESET，复位指定的位或定时器、计数器
RET	条件返回
RLD	累加器 1 中的双字循环左移
RLDA	累加器 1 中的双字通过 CCl 循环左移
RND	将浮点数转换为四舍五入的双整数
RND—	将浮点数转换为小于等于它的最大双整数
RND＋	将浮点数转换为大于等于它的最小双整数
RRD	累加器 1 中的双字循环右移
RRDA	累加器 1 中的双字通过 CC1 循环右移
S	SET，将指定的位置位，或设置计数器的预置值
SAVE	将状态字中的 RLO 保存到 BR 位
SD	接通延时定时器
SE	扩展的脉冲定时器
SET	将 RLO 置位为 1

续表

指令助记符	说　明
SF	断开延时定时器
SIN	求累加器 1 中的浮点数的正弦函数
SLD	将累加器 1 中的双字逐位左移指定的位数，空出的位添 0，移位位数在指令中或在累加器 2 中
SLW	将累加器 1 低字中的 16 位字逐位左移指定的位数，空出的位添 0，移位位数在指令中或在累加器 2 中
SP	脉冲定时器
SQR	求累加器 1 中的浮点数的平方
SQRT	求累加器 1 中的浮点数的平方根
SRD	将累加器 1 中的双字逐位右移指定的位数，空出的位添 0，移位位数在指令中或在累加器 2 中
SRW	将累加器 1 低字中的 16 位字逐位右移指定的位数，空出的位添 0，移位位数在指令中或在累加器 2 中
SS	保持型接通延时定时器
SSD	将累加器 1 中的有符号双整数逐位右移指定的位数，空出的位添上与符号位相同的数
SS1	将累加器 1 低字中的有符号整数逐位右移指定的位数，空出的位添上与符号位相同的数
T<地址>	传送指令，将累中器 1 的内容写入目的存储区，累加器 1 的内容不变
T STW	将累加器 1 中的内容传送到状态字
TAK	交换累加器重 1，2 的内容
TAN	求累加器 1 中的浮点数的正切函数
TARl	将地址寄存器 1 的数据传送到累加器 1，累加器 1 中的数据保存到累加器 2
TAR1<D>	将地址寄存器 1 的内容传送到 32 位指针<D>
TAR1AR2	将地址寄存器 1 的内容传送到地址寄存器 2
TAR2	将地址寄存器 2 的数据传送到累加器 1，累加器 1 中的数据保存到累加器 2
TAR2<D>	将地址寄存器 2 的内容传送到 32 位指针<D>
TRUNC	将浮点数转换为截位取整的双整数
UC	无条件调用
X	XOR，逻辑异或，两个逻辑变量的状态相反时运算结果为 1
X （	逻辑异或加左括号
XN	XOR NOT，逻辑异或非，两个逻辑变量的状态相同时运算结果为 1
XN （	XOR NOT 加左括号
XOD	将累加器 1 和累加器 2 中的双字的对应位相异或，结果存放在累加器 1 中
XOW	将累加器 1 和累加器 2 中的低字的对应位相异或，结果存放在累加器 1 的低字

附录 B　组织块、系统功能与系统功能块一览表

附表 B-1　　　　　　　　　　组 织 块 一 览 表

OB 编号	启 动 事 件	默认优先级	说　　明
OB1	启动或上一次循环结束时执行 OB1	1	主程序循环
OB10～OB17	日期时间中断 0～7	2	在设置的日期和时间启动
OB20～OB23	时间延迟中断 0～3	3～6	延时后启动
OB30～OB38	循环中断 0～8，默认的时间间隔分别为 5s，2s，1s，500ms，200ms，100ms，50ms，20ms 和 10ms	7～15	以设定的时间为周期运行
OB40～OB47	硬件中断 0～7	16～23	检测到来自外部模块的中断请求时启动
OB55	状态中断	2	DPV1 中断（PROFIBUS - DP 中断）
OB56	刷新中断	2	
OB57	制造厂商特殊中断	2	
OB60	多处理器中断，调用 SFC35 时启动	25	多处理器中断的同步操作
OB61～64	同步循环中断 1～4	25	同步循环中断
OB70	I/O 冗余错误	25	冗余故障中断，只用于 H 系列 CPU
OB72	CPU 冗余错误，例如一个 CPU 发生故障	28	
OB73	通信冗余错误中断，例如冗余连接的冗余丢失	25	
OB80	时间错误	26，启动时为 28	
OB81	电源故障	26，启动时为 28	
OB82	诊断中断	26，启动时为 28	
OB83	插入/拔出模块中断	26，启动时为 28	
OB84	CPU 硬件故障	26，启动时为 28	异步错误中断
OB85	优先级错误	26，启动时为 28	
OB86	扩展机架、DP 主站系统或分布式 I/O 站故障	26，起动时为 28	
OB87	通信故障	26，启动时为 28	
OB88	过程中断	28	
OB90	冷、热启动、删除块或背景循环	29	背景循环
OB100	暖启动	27	
OB101	热启动	27	启动
OB102	冷启动	27	
OB121	编程错误	与引起中断的 OB 有相同的优先级	同步错误中断
OB122	I/O 该问错误		

注　优先级 29 相当于 0.29，即背景循环具有最低的优先权。

附表 B‐2   系统功能 (SFC) 一览表

SFC 编号	SFC 名称	说　　明
SFC0	SET_CLK	设置系统时钟
SFCl	READ_CLK	读取系统时钟
SFC2	SET_RTM	设置运行时间定时器
SFC3	CTRL_RTM	启动/停止运行时间定时器
SFC4	READ_RTM	读取运行时间定时器
SFC5	GADR_LGC	查询通道的逻辑地址
SFC6	RD_SINFO	读取 OB 的启动信息
SFC7	DP_PRAL	触发 DP 主站的硬件中断
SFC9	EN_MSG	激活与块相关、符号相关和组状态的信息
SFC10	DIS_MSG	禁止与块相关、符号相关和组状态的信息
SFC11	SYC_FR	同步或锁定 DP 从站组
SFC12	D_ACT_DP	激活或取消 DP 从站
SFC13	DPNRM_DG	读取 DP 从站的诊断信息 (从站诊断)
SFC14	DPRD_DAT	读标准 DP 从站的一致性数据
SFC15	DPWR_DAT	写标准 DP 从站的一致性数据
SFC17	AILARM_SQ	生成可应答的与块相关的报文
SFC18	AIARM_S	生成永久性的可应答的与块相关的报文
SFC19	ALARM_SC	查询最后的 ALARM_SQ 状态报文的应答状态
SFC20	BLKMOV	复制多个变量
SFC21	FILL	初始化存储器
SFC22	CREAT_DB	生成一个数据块
SFC23	DEL_DB	删除一个数据块
SFC24	TEST_DB	测试一个数据块
SFC25	COMPRESS	压缩用户存储器
SFC26	UPDAT_PI	刷新过程映像输入表
SFC27	UPDAT_PO	刷新过程映像输出表
SFC28	SET_TINT	设置实时钟中断
SFC29	CAN_TINT	取消实时钟中断
SFC30	ACT_TINT	激活实时钟中断
SFC31	QRY_TINT	查询实时钟中断的状态
SFC32	SRT_DINT	启动延迟中断
SFC33	CAN_DINT	取消延迟中断
SFC34	QRY_DINT	查询延迟中断
SFC35	MP_ALM	触发多 CPU 中断
SFC36	MSK_FLT	屏蔽同步错误

SFC 编号	SFC 名称	说　明
SFC37	DMSK _ FLT	解除对同步错误的屏蔽
SFC38	READ _ ERR	读错误寄存器
SFC39	DIS _ IRT	禁止新的中断和异步错误处理
SFC40	EN _ IRT	允许新的中断和异步错误处理
SFC41	DIS _ AIRT	延迟高优先级的中断和异步错误处理
SFC42	EN _ AIRT	允许高优先级的中断和异步错误处理
SFC43	RE _ TRIGR	重新触发扫描时间监视
SFC44	REPL _ VAL	将替换值传送到累加器 1 中
SFC46	STP	将 CPU 切换到 STOP 模式
SFC47	WAIT	延迟用户程序的执行
SFC48	SNC _ RTCB	同步从站的实时钟
SFC49	LGC _ GADR	查询一个逻辑地址的插槽和机架
SFC50	RD _ LGADR	查询模块所有的逻辑地址
SFC51	RDSYSST	读取系统状态表或局部系统状态表
SFC52	WR _ USMSG	将用户定义的诊断事件写入诊断缓冲器
SFC54	RD _ PARM	读定义的参数
SFC55	WR _ PARM	写入动态参数
SFC56	WR _ DPARM	写入默认的参数
SFC57	PARM _ MOD	指定模块的参数
SFC58	WR _ REC	写入一个数据记录
SFC59	RD _ REC	读取一个数据记录
SFC60	GD _ SND	发送 GD（全局数据）包
SFC61	GD _ RCV	接收全局数据包
SFC62	CONTROL	查询属于 S7 - 400 的本地通信 SFB 背景的连接状态
SFC63	AB _ CALL	调用汇编代码块
SFC64	TIME _ TCK	读取系统时间
SFC65	X _ SEND	将数据发送到局域 S7 站外的一个通信伙伴
SFC66	X _ RCV	接收局域 S7 站外的一个通信伙伴的数据
SFC67	X _ GET	读取局域 S7 站外的一个通信伙伴的数据
SFC68	X _ PUT	将数据写入局域 S7 站外的一个通信伙伴
SFC69	X _ ABORT	中止与局域 S7 站外的一个通信伙伴的连接
SFC72	I _ GET	从局域 S7 站内的一个通信伙伴读取数据
SFC73	I _ PUT	将数据写入局域 S7 站内的一个通信伙伴
SFC74	I _ ABORT	中止与局域 S7 站内的一个通信伙伴的连接
SFC78	OB _ RT	确定 OB 程序的运行时间

续表

SFC 编号	SFC 名称	说　　明
SFC79	SET	置位输出范围
SFC80	RSET	复位输出范围
SFC81	UBLKMOV	不能中断的块传送
SFC82	CREA _ DBL	生成装载存储器中的数据块
SFC83	READ _ DBL	读取装载存储器中的一个数据块
SFC84	WRIT _ DBL	写入装载存储器中的一个数据块
SFC87	C _ DIAG	实际连接状态的诊断
SFC90	H CTRL	H 系统的控制操作
SFC100	SET _ CLKS	设置日期时间和日期时间状态
SFC101	RTM	处理运行时间计时器
SFC102	RD _ DPARA	重新定义参数
SFC103	DP _ TOPOL	识别 DP 主系统中的总线拓扑
SFC104	CiR	控制 CiR
SFC105	READ _ SI	读动态系统资源
SFC106	DEL _ SI	删除动态系统资源
SFC107	ALARM _ DQ	生成可应答的与块有关的报文
SFC108	ALARM _ D	生成永久的可应答的与块有关的报文
SFC126	SYNC _ PI	同步刷新过程映像输入表
SFC127	SYNC _ PO	同步刷新过程映像输出表

附表 B‑3　　　　系统功能块（SFB）一览表

SFB 编号	SFB 名称	说　　明
SFB0	CTU	加计数
SFB1	CTD	减计数
SFB2	CTUD	加/减计数
SFB3	TP	生成一个脉冲
SFB4	TON	产生 ON 延迟
SFB5	TOF	产生 OFF 延迟
SFB8	USEND	不对等的数据发送
SFB9	URCV	不对等的数据接收
SFB12	BSEND	发送段数据
SFB13	BRCV	接收段数据
SFB14	GET	从远程 CPU 读数据
SFB15	PUT	向远程 CPU 写数据
SFB16	PRINT	发送数据到打印机

SFB 编号	SFB 名称	说　明
SFB19	START	初始化远程装置的暖启动或冷启动
SFB20	STOP	将远程装置切换到 STOP 状态
SFB21	RESUME	初始化远程装置的热启动
SFB22	STATUS	查询远程装置的状态
SFB23	USTATUS	接收远程装置的状态
SFB29	HS_COUNT	集成的高速计数器，仅用于 CPU 312 IFM 和 PU 314 IFM
SFB30	FREQ_MES	集成的频率计，仅用于 CPU 312 IFM 和 PU 314 IFM
SFB31	NOTIFY_8P	生成不带应答指示的与块相关的报文
SFB32	DRUM	实现一个顺序控制器
SFB33	ALARM	生成带应答指示的与块相关的报文
SFB34	ALARM_8	生成与 8 个信号值无关的与块相关的报文
SFB35	ALARM_8P	生成与 8 个信号值有关的与块相关的报文
SFB36	NOTIFY	生成不带应答显示的与块相关的报文
SFB37	AR_SEND	发送归档数据
SFB38	HSC_A_B	集成的 A/B 相高速计数器
SFB39	POS	集成的定位功能
SFB41	CONT_C	连续 PID 控制
SFB42	CONT_S	步进 PID 控制
SFB43	PULSEGEN	脉冲发生器
SFB44	ANALOG	使用模拟输出的定位，仅用于 S7 – 300C CPU
SFB46	DIGITAL	使用数字输出的定位，仅用于 S7 – 300C CPU
SFB47	COUNT	计数器控制，仅用于 S7 – 300C CPU
SFB48	FREQUENC	频率测量控制，仅用于 S7 – 300C CPU
SFB49	PULSE	脉冲宽度调制控制，仅用于 S7 – 300C CPU
SFB52	RDREC	从 DP 从站读数据记录
SFB53	WRREC	向 DP 从站写数据记录
SFB54	RALRM	从 DP 从站接收中断
SFB60	SEND_PTP	发送数据［ASCⅡ 协议或 3964（R）协议］，仅用于 S7 – 300C CPU
SFB61	RCV_PTP	接收数据［ASCⅡ 协议或 3964（R）协议］，仅用于 S7 – 300C CPU
SFB62	RES_RCVB	删除接收缓冲区［ASCⅡ 协议或 3964（R）协议］，仅用于 S7 – 300C CPU
SFB63	SEND_RK	发送数据（RK512 协议），仅用于 S7 – 300C CPU
SFB64	FETCH_RK	获取数据（RK512 协议），仅用于 S7 – 300C CPU
SFB65	SERVE_RK	接收/提供数据（K512），仅用于 S7 – 300C CPU
SFB75	SALRM	向 DP 主站发送中断

附表 B－4	IEC 功 能 一 览 表
IEC 名称	说　明
数据类型格式转换	
FC3 D＿TOD＿DT	将 DATE 和 TIME＿OF＿DAY 数据类型的数据合并为 DT（日期时间）格式的数据
FC6 DT＿DATE	从 DT 格式的数据中提取 DATE（日期）数据
FC7 DT＿DAY	从 DT 格式的数据中提取星期值数据
FC8 DT＿TOD	从 DT 格式的数据中提取 TIME＿OF＿DAY（实时时间）数据
FC33 SSTI＿TIM	将数据类型 S5TIME（S5 格式的时间）转换为 TIME
FC40 TIM＿S5TI	将数据类型 TIME 转换为 S5TIME
FC16 I＿STRNG	将数据类型 INT（整数）转换为 STRING（字符串）
FC5 DI＿STRNG	将数据类型 DINT（双整数）转换为 STRING
FC30 R＿STRNG	将数据类型 REAL（浮点数）转换为 STRING
FC38 STRNG＿I	将数据类型 STRING 转换为 INT
FC37 STRNG＿DI	将数据类型 STRING 转换为 DINT
FC39 STRNG＿R	将数据类型 STRING 转换为 REAL
比较 DT（日期时间）	
FC9 EQ＿DT	DT 等于比较
FC12 GE＿DT	DT 大于等于比较
FC14 GT＿DT	DT 大于比较
FC18 LE＿DT	DT 小于等于比较
FC23 LT＿DT	DT 小于比较
FC28 NE＿DT	DT 不等于比较
字符串变量比较	
FE10 EQ＿STRNG	字符串等于比较
FC13 GE＿STRNG	字符串大于等于比较
FC15 GT＿STRNG	字符串大于比较
FC19 LE＿STRNG	字符串小于等于比较
FC24 LT＿STRNG	字符串小于比较
FC29 NE＿STRNG	字符串不等于比较
字符串变量编辑	
FC21 LEN	求字符串变量的长度
FC20 LEFT	提供字符串左边的若干个字符
FC32 RIGHT	提供字符串右边的若干个字符
FC26 MID	提供字符串中间的若干个字符
FC2 CONCAT	将两个字符串合并为一个字符串
FC17 1NSERT	在一个字符串中插入另一个字符串
FC4 DELETE	删除字符串中的若干个字符

IEC 名称	说　明
FC31 REPLACE	用一个字符串替换另一个字符串中的若干个字符
FC11 FIND	求一个字符串在另一个字符串中的位置
Time _ of _ Day 功能	
FC1 AD _ DT _ TM	将一个 Time 格式的持续时间与 DT 格式的时间相加，产生一个 DT 格式的时间
FC35 SB _ DT _ TM	将一个 Time 格式的持续时间与 DT 格式的时间相减，产生一个 DT 格式的时间
FC34 SB _ DT _ DT	将两个 DT 格式的时间相减，产生一个 Time 格式的持续时间
数值编辑	
FC22 LIMIT	将变量的数值限制在指定的极限值内
FC25 MAX	在 3 个变量中选取最大值
FC27 MIN	在 3 个变量中选取最小值
FC36 SEL	根据选择开关的值在两个变量中选择

附录 C　PID 参数整定方法介绍

在工程实际中，应用最为广泛的调节器控制规律为比例、积分、微分控制，简称 PID 控制，又称 PID 调节。PID 控制器问世至今已有近 70 年历史，它以其结构简单、稳定性好、工作可靠、调整方便而成为产业控制的主要技术之一。当被控对象的结构和参数不能完全把握，或得不到精确的数学模型时，控制理论的其他技术难以采用时，系统控制器的结构和参数必须依靠经验和现场调试来确定，这时应用 PID 控制技术最为方便。即当我们不完全了解一个系统和被控对象，或不能通过有效的丈量手段来获得系统参数时，最适适用 PID 控制技术。PID 控制，实际中也有 PI 和 PD 控制。PID 控制器就是根据系统的误差，利用比例、积分、微分计算出控制量进行控制的。

1. 比例（P）控制

比例控制是一种最简单的控制方式。其控制器的输出与输进误差信号成比例关系。当仅有比例控制时系统输出存在稳态误差（Steady‐state error）。

2. 积分（I）控制

在积分控制中，控制器的输出与输进误差信号的积分成正比关系。对一个自动控制系统，假如在进进稳态后存在稳态误差，则称这个控制系统是有稳态误差的或简称有差系统（System with Steady－state Error）。为了消除稳态误差，在控制器中必须引进"积分项"。积分项对误差取决于时间的积分，随着时间的增加，积分项会增大。这样，即便误差很小，积分项也会随着时间的增加而加大，它推动控制器的输出增大使稳态误差进一步减小，直到即是零。因此，比例＋积分（PI）控制器，可以使系统在进进稳态后无稳态误差。

3. 微分（D）控制

在微分控制中，控制器的输出与输进误差信号的微分（即误差的变化率）成正比关系。自动控制系统在克服误差的调节过程中可能会出现振荡甚至失稳。其原因是由于存在有较大惯性组件（环节）或有滞后（delay）组件，具有抑制误差的作用，其变化总是落后于误差的变化。解决的办法是使抑制误差的作用的变化"超前"，即在误差接近零时，抑制误差的作用就应该是零。这就是说，在控制器中仅引进"比例"项往往是不够的，比例项的作用仅是放大误差的幅值，而目前需要增加的是"微分项"，它能猜测误差变化的趋势，这样，具有比例＋微分的控制器，就能够提前使抑制误差的控制作用即是零，甚至为负值，从而避免了被控量的严重超调。所以对有较大惯性或滞后的被控对象，比例＋微分（PD）控制器能改善系统在调节过程中的动态特性。

在 PID 参数进行整定时假如能够有理论的方法确定 PID 参数当然是最理想的方法，但是在实际的应用中，更多的是通过凑试法来确定 PID 的参数。下面介绍通过凑试法来确定 PID 的参数。

增大比例系数 P 一般将加快系统的响应，在有静差的情况下有利于减小静差，图 C－1 比例系数偏小没有超调，系统静差消除时间长。反之，比例系数过大会使系统有比较大的超调，并产生振荡，使稳定性变坏，见附图 C－2。

增大积分时间 I 有利于减小超调，减小振荡，使系统的稳定性增加，但是如果积分时间太长，系统静差消除时间变长，严重时系统无法平稳，见附图 C－3；如图积分时间偏小而超调量偏大时，系统会产生振荡，见附图 C－4。

增大微分时间 D 有利于加快系统的响应速度，使系统超调量减小，稳定性增加，但系统对扰动的抑制能力减弱。

在凑试时，可参考以上参数对系统控制过程的影响趋势，对参数调整实行先比例、后积分，再微分的整定步骤。

首先整定比例部分。将比例参数由小变大，并观察相应的系统响应，直至得到反应快、超调小的响应曲线。假如系统没有静差或静差已经小到答应范围内，并且对响应曲线已经满足，则只需要比例调节器即可。

假如在比例调节的基础上系统的静差不能满足设计要求，则必须加进积分环节。在整定时先将积分时间设定到一个比较大的值，然后将已经调节好的比例系数略为缩小，然后减小积分时间，使得系统在保持良好动态性能的情况下，静差得到消除。在此过程中，可根据系统的响应曲线的好坏反复改变比例系数和积分时间，以期得到满足的控制过程和整定参数。

假如在上述调整过程中对系统的动态过程反复调整还不能得到满足的结果，则可以加进微分环节。首先把微分时间 D 设置为 0，在上述基础上逐渐增加微分时间，同时相应的改变比例系数和积分时间，逐步凑试，直至得到满足的调节效果，见附图 C－5。

根据实践经，总结出 PID 调节口诀歌：

参数整定找最佳，从小到大顺序查。

先是比例后积分，最后再把微分加。

曲线振荡很频繁，比例度盘要放大。

曲线漂浮绕大弯，比例度盘往小扳。

曲线偏离回复慢，积分时间往下降。

曲线波动周期长，积分时间再加长。

曲线振荡频率快，先把微分降下来。

动差大来波动慢，微分时间应加长。

理想曲线两个波，前高后低四比一。

一看二调多分析，调节质量不会低。

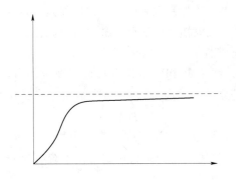

附图 C-1　响应曲线没有超调量，应该增加
比例系数 P 使响应有一定的超调量

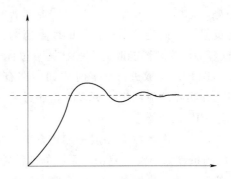

附图 C-2　响应曲线超调量太大，应该
减小比例系数 P 使响应的超调量减小

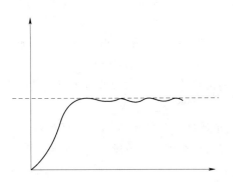

附图 C-3　响应曲线有一定超调量，但是由于
积分时间太长导致响应无法平稳，应该
减小积分时间

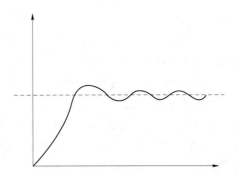

附图 C-4　响应曲线超调量偏大，积分时间偏小
导致响应振荡，应该适当减小比例系数和
适当增大积分时间

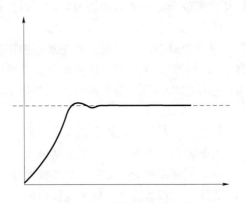

附图 C-5　理想的响应曲线

参 考 文 献

［1］ 吉顺平. 西门子 PLC 与工业网络技术 ［M］. 北京：机械工业出版社，2008.2.

［2］ 廖常初. S7 - 300/400PLC 应用技术 ［M］. 北京：机械工业出版社，2006. 4.

［3］ 阳胜峰. S7 - 300/400PLC 技术视频学习教程 ［M］. 北京：机械工业出版社，2012.1.

［4］ 西门子（中国）有限公司. S7 - 300 可编程控制器产品目录. 2013.